班组安全行丛书

有限空间作业安全知识

刘　金　主编

中国劳动社会保障出版社

图书在版编目(CIP)数据

有限空间作业安全知识/刘金主编. -- 北京：中国劳动社会保障出版社，2018

ISBN 978-7-5167-2719-5

Ⅰ.①有… Ⅱ.①刘… Ⅲ.①安全生产-基本知识 Ⅳ.①X93

中国版本图书馆 CIP 数据核字(2018)第 064016 号

中国劳动社会保障出版社出版发行

(北京市惠新东街 1 号　邮政编码：100029)

*

三河市潮河印业有限公司印刷装订　　新华书店经销

880 毫米×1230 毫米　32 开本　4 印张　90 千字

2018 年 4 月第 1 版　2021 年 12 月第 5 次印刷

定价：18.00 元

读者服务部电话：(010) 64929211/84209101/64921644

营销中心电话：(010) 64962347

出版社网址：http://www.class.com.cn

内容简介

很多行业都有有限空间作业内容，有限空间作业涉及的危险因素多，因此，容易发生伤亡事故。所以有限空间作业人员应该进行系统、专业的学习，掌握有限空间作业技术和规范，从而减少事故的发生。

本书从实用的角度出发，讲述有限空间安全作业基础知识、行业有限空间作业安全、有限空间作业安全及防护用品等内容，有助于从业人员迅速、全面地学习有限空间作业相关知识，提升作业的安全性，适合于企业有限空间作业人员培训和自学使用。

本书由刘金主编，张瑞参与编写。

前言

班组是企业最基本的生产组织，是实际完成各项生产工作的部门，始终处于安全生产的第一线。班组的安全生产状况，对于维持企业正常生产秩序，提高企业效益，确保职工安全健康和企业可持续发展具有重要意义。据统计，在企业的伤亡事故中，绝大多数属于责任事故，而这些责任事故 90%以上又发生在班组。因此可以说，班组平安则企业平安；班组不安则企业难安。由此可见，班组的安全生产教育直接关系到企业整体的生产状况乃至企业发展的安危。

为适应各类企业班组安全生产教育培训的需要，中国劳动社会保障出版社特组织编写了“班组安全行丛书”。该丛书出版以来，受到广大读者朋友的喜爱，成为他们学习安全生产知识、提高安全技能的得力工具。近年来，很多法律法规、技术标准、生产技术都有了较大变化，不少读者通过各种渠道进行意见反馈，强烈要求对这套丛书进行改版。为了满足广大读者的愿望，我社决定对该丛书进行改版。改版后的丛书包括以下品种：

《安全生产基础知识（第二版）》《职业卫生知识（第二版）》《应急救护知识（第二版）》《个人防护知识（第二版）》《劳动权益与工伤保险知识（第三版）》《消防安全知识（第三版）》《电气安全知识（第二版）》《焊接安全知识（第二版）》《登高作业安全知识》《带电作业安全知识》《有限空间作业安全知识》《接尘作业安全知识》，共计 12

分册。

该丛书主要有以下特点：一是具有权威性。丛书作者均为全国各行业长期从事安全生产、劳动保护工作的专家，既熟悉安全管理和技术，又了解企业生产一线的情况，因此，所写的内容准确、实用。二是针对性强。丛书在介绍安全生产基础知识的同时，以作业方向为模块进行分类，每分册只讲述与本作业方向相关的知识，因而内容更加具体，更有针对性，班组在不同时期可以选择不同作业方向的分册进行学习，或者，在同一时期选择不同分册进行组合形成一套适合作业班组使用的学习教材。三是通俗易懂。丛书以问答的形式组织内容，而且只讲述最常见的、最基本的知识和技术，不涉及深奥的理论知识，因而适合不同学历层次的读者阅读使用。

该丛书按作业内容编写，面向基层，面向大众，注重实用性，紧密联系实际，可作为企业班组安全生产教育的教材，也可供企业安全管理人员学习参考。

目录

有限空间安全作业基础知识

1. 什么是有限空间作业？

有限空间是指封闭或部分封闭，进出口较为狭窄有限，未被设计为固定工作场所，自然通风不良，易造成有毒有害、易燃易爆物质积聚或氧含量不足的空间。

有限空间作业是指作业人员进入有限空间实施的作业活动。

2. 有限空间有哪些类型？

有限空间分为以下三类：

（1）密闭设备。如船舱、储罐、车载槽罐、反应塔（釜）、冷藏箱、压力容器、管道、烟道、锅炉等。

（2）地下有限空间。如地下管道、地下室、地下仓库、地下工程、暗沟、隧道、涵洞、地坑、废井、地窖、污水池（井）、沼气池、化粪池、下水道等。

（3）地上有限空间。如储藏室、酒糟池、发酵池、垃圾站、温室、冷库、粮仓、料仓等。

3. 在有限空间作业有哪些规定？

2014 年 9 月 25 日，国家安全生产监督管理总局审议通过《有限空间安全作业五条规定》，于2014年9月29日施行。

（1）必须严格实行作业审批制度，严禁擅自进入有限空间作业。

（2）必须做到“先通风、再检测、后作业”，严禁通风、检测不合格作业。

（3）必须配备个人防中毒窒息等防护装备，设置安全警示标识，严禁无防护监护措施作业。

（4）必须对作业人员进行安全培训，严禁教育培训不合格上岗作业。

（5）必须制定应急措施，现场配备应急装备，严禁盲目施救。

4. 有限空间作业有哪些特点？

有限空间作业特点具体可归纳为以下三个方面：

（1）作业环境情况复杂

1）有限空间狭小，通风不畅，不利于气体扩散。

2）设备内的危险化学品未处理干净或与设备相连的管道未进行有效隔离（必须拆卸一段管道或打盲板），都会造成有毒有害或易燃易爆气体超标，引发中毒或火灾、爆炸事故。

3）生产、储存、使用危险化学品或因生化反应（污水处理设施）等产生的有毒有害气体，容易积聚，一段时间后，便会形成较高浓度的有毒有害气体。

4）有些有毒有害气体是无味的，易使作业人员放松警惕，引发中毒、窒息事故。

5）有些有毒有害气体在浓度高时对神经有麻痹作用（如硫化氢），反而不能被嗅到。

6）有限空间内的照明、通信不畅，给正常作业和应急救援带来困难。

7）设备内搅拌设备的电源若没有被有效切断并挂警示牌，可能导致搅拌设备意外启动，造成作业人员伤亡。

（2）危险性大，一旦发生事故往往造成严重后果。

1）作业人员中毒、窒息事故发生时间较短，有的有毒气体中毒后数分钟甚至数秒就会致人死亡。

2）易燃易爆气体达到爆炸极限，发生燃爆而造成群死群伤的后果。

3）搅拌设备意外启动，造成设备内的作业人员死亡。

（3）容易因盲目施救造成伤亡扩大。一家知名跨国化工公司曾做过统计，有限空间作业事故中的死亡人员有50%是救援人员。其原因主要是部分有限空间内的作业人员由于安全意识差、安全知识不足，没有严格执行有限空间安全作业制度，安全措施和监护措施不到位、不落实；实施有限空间作业前未做危害辨识工作，未制定有针对性的应急处置预案，缺少必要的安全设施和应急救援器材、装备；或是虽然制定了应急预案但未进行培训和演练，作业和监护人员缺乏基本的应急常识和自救、互救能力，导致在事故状态下不能实施科学、有效的救援，致使伤亡进一步扩大。

5. 有限空间作业有哪些危险？

（1）中毒危害。有限空间容易积聚高浓度有害物质。有害物质可以是原来就存在于有限空间的，也可以是作业过程中逐渐积聚的。

（2）缺氧危害。空气中氧气浓度过低会引起缺氧。

（3）燃爆危害。空气中存在易燃、易爆物质，浓度过高遇火会引起爆炸或燃烧。

（4）淹溺。淹溺导致作业人员窒息、缺氧。另外，发生粪池或污水池淹溺事故时，由于作业人员的肺内污染及胃内呕吐物反流等原因，可导致支气管及肺部继发感染，甚至造成多发性脓肿。

（5）高处坠落。高处坠落可导致作业人员脑部或内脏损伤而致命，或使四肢、躯干、腰椎等部位受冲击而造成重伤致残。

（6）触电。当通过人体的电流数值超过一定值时，就会使人产生针刺、灼热、麻痹的感觉；当电流进一步增大至一定值时，人就会产生抽搐，不能自主脱离带电体；当通过人体的电流超过 50 mA 时，就会使人的心脏停止跳动，从而死亡。

（7）机械伤害。机械伤害可引发人体多部位受伤，如头部、眼部、颈部、胸部、腰部、脊柱、四肢等，造成外伤性骨折、出血、休克、昏迷，严重的会直接导致死亡。

6. 有限空间作业过程中存在的危险、有害因素有哪些？

按照国家标准《生产过程危险和有害因素分类与代码》（GB/T 13861—2009），将有限空间作业过程中存在的危险、有害因素分为四大类：人的因素、物的因素、环境因素、管理因素。

（1）人的因素

1）作业人员的因素。作业人员不了解在进入期间可能面临的危害；不了解未隔离危害；未查证已隔离的程序；不了解危害出现的形式、征兆和后果；不了解防护装备的使用和限制，如测试、监督、通风、通信、照明、坠落、障碍物，以及进入方法和救援装备；不清楚监护人用来提醒撤离时的沟通方法；不清楚当发现危险的征兆或现象时，提醒监护人的方法；不清楚何时撤离有限空间，以致事故发生。

2）监护人员的因素。监护人不了解作业人员进入期间可能面临的危害；不了解作业人员受到危害影响时的行为表现；不清楚召唤救援和急救部门帮助进入者撤离的方法，以致不能起到监督空间内外活动和保护进入者安全的作用。

（2）物的因素

1）有毒气体。有限空间内可能存在很多的有毒气体，既可能是有限空间内已经存在的，也可能是在工作过程中产生的。聚积于有限空间的常见有害气体有硫化氢、一氧化碳等，这些都对作业人员构成中毒威胁。

2）氧气不足。有限空间内的氧气不足是经常遇到的情况。氧气不足的原因有很多，如被密度大的气体（如二氧化碳）挤占、燃烧、氧化（如生锈）、微生物行为、吸收和吸附（如潮湿的活性炭）、工作行为（如使用溶剂、涂料、清洁剂或者是加热工作）等都可能影响氧气含量。当作业人员进入后，可由于缺氧而窒息。

3）可燃气体。在有限空间中常见的可燃气体包括甲烷、天然气、氢气、挥发性有机化合物等。这些可燃气体和蒸气来自于地下管道间的泄漏（电缆管道和城市煤气管道间）、容器内部的残存、细菌分解、工作产物（在其内进行涂漆、喷漆、使用易燃易爆溶剂）等，如遇引火源，就可能导致火灾甚至爆炸。在有限空间中的引火源包括产生热量的工作活动，焊接、切割等作业，打火工具，光源，电动工具、仪器，甚至静电。

（3）环境因素。过冷、过热、潮湿的有限空间有可能对作业人员造成危害；在有限空间工作的时间过长，会由于受冻、受热、受潮致使体力不支。在具有湿滑表面的有限空间作业，有导致作业人员摔伤、磕碰等的危险。在进行人工挖孔桩作业的现场，有坍塌、坠落造成击伤、埋压的危险。在清洗大型水池、储水箱、输水管（渠）的作业现场，有导致作业人员淹溺的危险。在作业现场若电气防护装置失效或错误操作、电气线路短路、超负荷运行、雷击等都有可能发生电流对人体的伤害，从而造成伤亡事故的危险。

（4）管理因素。安全管理制度的缺失、有关施工（管理）部门没有编制专项施工（作业）方案、没有应急救援预案或未制定相应的安全措施、缺乏岗前培训及进入有限空间作业人员的防护装备与设施得不到维护和维修，是造成该类事故发生的重要原因。另外，因未制定有限空间作业的操作规程，操作人员无章可循而盲目作业，操作人员在未明了作业情况下贸然进入有限空间作业场所、误操作生产设备，作业人员未配备必要的安全防护与救护装备等，都有可能导致事故的发生。

典型有限空间作业危害因素见表1。

表1　典型有限空间作业危害因素举例

种类	有限空间名称	主要危险有害因素
密闭设备	船舱、储罐、车载槽罐、反应塔（釜）、压力容器	缺氧，一氧化碳中毒，挥发性有机溶剂中毒，爆炸
	冷藏箱、管道	缺氧
	烟道、锅炉	缺氧，一氧化碳中毒
地下有限空间	地下室、地下仓库、隧道、地窖	缺氧
	地下工程、地下管道、暗沟、涵洞、地坑、废井、污水池（井）、沼气池、化粪池、下水道	缺氧、硫化氢中毒，可燃性气体爆炸
	矿井	缺氧，一氧化碳中毒，易燃易爆物质（可燃性气体、爆炸性粉尘）爆炸
地上有限空间	储藏室、温室、冷库	缺氧
	酒糟池、发酵池	缺氧，硫化氢中毒，可燃性气体爆炸
	垃圾站	缺氧，硫化氢中毒，可燃性气体爆炸
	粮仓	缺氧，磷化氢中毒，粉尘爆炸
	料仓	缺氧，粉尘爆炸

7. 有限空间作业危害的特点是什么?

（1）有限空间作业属高风险作业，如操作不当或防护不当可导致人员伤亡。

（2）有限空间存在的危害，大多数情况下是完全可以预防的。如加强培训教育，完善各项管理制度，严格执行操作规程，配备必要的个人防护用品和应急抢险设备等。

（3）发生的地点多样化，如船舱、储罐、管道、地下室、地窖、污水池（井）、沼气池、化粪池、下水道、发酵池等。

（4）许多危害具有隐蔽性并难以探测，有时即使先期使检测合格，但在作业过程中，有限空间内的有毒有害气体浓度仍有增加和超标的可能。

（5）可能多种危害共同存在，如有限空间存在硫化氢危害的同时，还存在缺氧危害。

（6）某些环境下具有突发性，如开始进入有限空间检测时没有危害，但是在作业过程中突然涌出大量的有毒气体，造成急性中毒。

8. 什么是窒息?

人体的呼吸过程由于某种原因受阻或异常，所产生的全身各器官组织缺氧，二氧化碳在体内聚集而引起的组织细胞代谢障碍、功能紊乱和形态结构损伤的病理状态称为窒息。当人体内严重缺氧时，器官和组织会因为缺氧而广泛损伤、坏死，尤其是大脑。

9. 常见的窒息性气体有哪些?

空气中的氧气含量（体积分数）一般在 21％左右。在有限空间内，由于通风不良、生物的呼吸作用或物质的氧化作用，使有限空间形成缺氧状态，一旦作业场所空气中的氧浓度（体积分数）低于19.5%时就会有缺氧的危险，可导致窒息事故发生。另外，有一类单纯性窒息气体，其本身无毒，但由于它们的存在对氧气有排斥作用，且这类气体绝大多数比空气重，易在空间底部聚集，并排挤氧气空间，从而造成进入空间作业的人员缺氧窒息。常见的单纯性窒息气体包括二氧化碳、氮气、甲烷、氩气、水蒸气和六氟化硫等。

10. 有限空间引发窒息的主要原因有哪些？

（1）有限空间内长期通风不良，氧含量偏低。

（2）有限空间内存在的物质发生耗氧性化学反应，如燃烧、生物的有氧呼吸等。

（3）作业过程中引入单纯性窒息气体挤占氧气空间，如氮气、氩气、水蒸气等。

（4）某些相连或接近的设备或管道的渗漏或扩散，如天然气泄漏等。

（5）较高的氧气消耗速度，如过多作业人员同时在有限空间内作业。

11. 缺氧对人体有哪些影响？

氧气是人赖以生存的重要物质基础，缺氧会对人体多个系统及脏器造成影响。氧气含量不同，对人体的危害也不同。不同氧气含量对人体的影响见表 2。

表 2　　不同氧气含量对人体的影响

氧气含量/%（体积分数）	对人体的影响
19.5	最低允许值
15～19.5	体力下降，难以从事重体力劳动，动作协调性降低，容易引发冠心病、肺病等
12～14	呼吸加重、频率加快，脉搏加快，动作协调性进一步降低，判断能力下降
10～12	呼吸加深加快，几乎丧失判断能力，嘴唇发紫
8～10	精神失常，昏迷，失去知觉，呕吐，脸色死灰
6～8	4～5 min 通过治疗可恢复，6 min 后 50%致命，8 min 后 100%致命
4～6	40 s 后昏迷，痉挛，呼吸减缓，死亡

12. 常见的导致缺氧的气体有哪些?

（1）二氧化碳

1）理化性质。二氧化碳别名碳（酸）酐，为无色气体，高浓度时略带酸味；比空气重；溶于水、烃类等多数有机溶剂；水溶剂呈酸性，能被碱性溶液吸收而生成碳酸盐。二氧化碳加压成液态储存在钢瓶内，放出时其可凝结成为雪花状固体，统称干冰。若遇高热、容器内压增大等因素，有开裂和爆炸的危险。

2）有限空间内的主要来源。在有限空间内作业时，二氧化碳主要存在于长期不开放的各种矿井、油井、船舱底部及下水道；利用植物发酵制糖、酿酒，用玉米制酒精、丙酮以及制造酵母等生产过程，若发酵桶、发酵池的车间是密闭或隔离的，便会有较高浓度的二氧化碳产生；在不通风的地窖和密闭仓库中储存蔬菜、水果和谷物等，可产生高浓度的二氧化碳；在有限空间内的作业人数、作业时间超限，可造成二氧化碳积蓄；化学工业中在反应釜内以二氧化碳作为原料制造碳酸钠、碳酸氢钠、尿素、碳酸氢铵等多种化工产品，轻工生产中制造汽水、啤酒等饮料充以二氧化碳等过程，均可生成大量的二氧化碳。

3）对人体的影响。《工作场所有害因素职业接触限值　第1部分　化学有害因素》（GBZ 2.1—2007）中规定，二氧化碳在工作场所空气中的时间加权平均容许浓度不能超过9 000 mg/m³，短时接触容许浓度不能超过18 000 mg/m³。《呼吸防护用品的选择、使用与维护》（GB/T 18664—2002）中规定，二氧化碳的立即威胁生命和健康浓度是92 000 mg/m³。作业人员在10 min以内接触的最高限值为54 000 mg/m³，中枢神经系统无明显毒性。二氧化碳是人体进行新陈代谢的最终产物，由呼气排出，本身没有毒性。在有限空间吸入高浓度二氧化碳时，因人体内组织缺氧，轻者有头痛、头昏、无力等不适症状；较重者出现昏迷、四肢抽搐、大小便失禁，以及头痛、恶心、呕吐等症状；重者可窒息死亡。

（2）氮气

1）理化性质。氮气为无色无臭气体，微溶于水、乙醇，不燃烧。用于合成氨及制硝酸、物质保护剂、冷冻剂等。

2）有限空间内的主要来源。由于氮的化学惰性，常用作保护气体以防止某些物体暴露于空气时被氧所氧化，或用作工业上的清洗剂，洗涤储罐以及反应釜中的危险、有毒物质。

3）对人体的影响。当作业人员吸入氮气浓度不太高时，最初会感觉胸闷、气短、疲软无力；继而有烦躁不安、极度兴奋、乱跑、叫喊、神情恍惚、步态不稳等症状，称为"氮酩酊"，可进入昏睡或昏迷状态。当空气中的氮气含量过高，便会致作业人员吸入氧气的浓度下降，从而引起缺氧窒息。当作业人员吸入高浓度的氮气时，可迅速昏迷，进而因呼吸和心跳停止而死亡。

（3）甲烷

1）理化性质。甲烷为无色、无味的气体，比空气轻，溶于乙醇、乙醚，微溶于水。甲烷主要存在于天然气中，也存在于石油加工所得的气体中。甲烷易燃，爆炸极限（体积分数）为5.0％～15％，与空气混合能形成爆炸性混合物，遇热源和明火有燃烧爆炸的危险，从而造成人员伤亡。

2）有限空间内的主要来源。有限空间内的有机物分解会产生甲烷，天然气管道泄漏等。

3）对人体的影响。甲烷对人体基本无毒，麻痹作用极弱，但在极高浓度时会排挤空气中的氧，使空气中的氧含量降低，从而引起单纯性窒息。当空气中的甲烷达到25％～30％（体积分数）时，作业人员会出现窒息感觉，如头晕、呼吸加速、心率加快、注意力不集中、乏力和行为失调等，若不及时脱离接触，可致窒息死亡。甲烷的燃烧产物为一氧化碳、二氧化碳，会引起缺氧或中毒。

（4）氩气

1）理化性质。氩气是一种无色、无味的惰性气体，比空气重。

2）有限空间内的主要来源。氩是目前工业上应用很广的稀有气体。它的性质十分不活泼，既不能燃烧，也不助燃。在飞机制造、船舶制造、原子能工业和机械工业领域，焊接特殊金属如铝、镁、铜合金以及不锈钢时，往往用氩作为焊接保护气体，防止焊接件被空气氧化或氮化。

3）对人体的影响。在常压下氩气无毒。当空气中的氩气浓度增高时，可使氧气含量降低，致使作业人员出现呼吸加快、注意力不集中等症状，继而出现疲倦无力、烦躁不安、恶心、呕吐、昏迷、抽搐等症状；当氩气处于高浓度时可导致作业人员窒息。另外，液态氩可致皮肤冻伤；眼部接触可引起炎症。

◎事故案例

某年3月17日18时，北京某物业公司绿化工人李某雇用王某在居民小区内进行绿化浇水作业。当作业结束后，王某私自打开一废弃枯井，贸然进入井内，准备将浇水用水管存放在井内。王某下井后不久晕倒，李某见状贸然下井施救，也晕倒在井内。小区居民发现后立即报警，后经消防队员抢救，将二人救出，经医院抢救无效，二人死亡。后经北京疾控中心现场检测，井内二氧化碳含量超过国家标准近4倍，含氧量仅为3.2%，二人为缺氧窒息死亡。

13. 什么是中毒?

肌体过量或大量接触化学毒物，引发组织结构和功能损害、代谢障碍而发生疾病或死亡者，称中毒。中毒的严重程度与剂量有关，多呈剂量—效应关系；中毒按其发生发展过程，可分为急性、亚急性和慢性中毒。一次接触大量毒物所致的中毒，为急性中毒；多次或长期接触少量毒物，经一定潜伏期而发生的中毒，称慢性中毒；介于两者之间的，为亚急性中毒。

有毒物质对人体的伤害主要体现在刺激性、化学窒息性及致敏性方面，其主要通过呼吸吸入、皮肤接触进入人体，再经血液循环，对人体的呼吸、神经、血液等系统及肝脏、肺、肾脏等脏器造成严重损伤。短时间接触高浓度刺激性有毒物质，会引起眼、上呼吸道刺激、中毒性肺炎或肺水肿，以及心脏、肾脏等脏器病变。接触化学性、窒息性有毒物质会造成细胞缺氧窒息。

14. 有限空间有毒物质主要来源有哪些?

有限空间有毒物质主要有以下来源：

（1）有限空间内存储的有毒化学品残留、泄漏或挥发。

（2）有限空间内的物质发生化学反应，产生有毒物质，如有机物分解产生硫化氢。

（3）某些相连或接近的设备或管道的有毒物质渗漏或扩散。

（4）作业过程中引入或产生有毒物质，如焊接、喷漆或使用某些有机溶剂进行清洁。

15. 有限空间作业常见有毒物质有哪些?

（1）硫化氢。①理化性质。硫化氢为无色、有臭鸡蛋气味的气体，属于剧毒物。比空气重，溶于水生成氢硫酸，可溶于乙醇。易燃，爆炸极限（体积分数）为4.3％～45.5％，自燃点为260℃。与空气混合能燃爆，遇明火、高热、氧化剂发生爆炸。②有限空间内的主要来源。排放到有限空间的废气、废液含有硫化氢；污水管道、化粪池、窨井、纸浆发酵池、污泥处理池、密闭垃圾站、反应塔（釜）等有限空间中有机物腐败会产生硫化氢；或在厌氧条件下，硫酸盐还原菌将污水中的硫酸盐还原成硫化物，并与水中的氢根离子结合产生硫化氢，因硫化氢的密度较大且易溶于水，故而长期滞留在排水管道的污水和污泥中；制造二硫化碳、硫化胺、硫化钠、硫磷、乐果、含硫农药等产品的反应釜中残留有硫化氢。③对人体的影响。《职业性接触毒物危害程度分级》（GBZ/T 230—2010）中硫化氢被列入Ⅱ级危害（高度危害）。《工作场所有害因素职业接触限值　第1部分　化学有害因素》（GBZ 2.1—2007）中规定硫化氢的最高容许浓度不应超过

10 mg/m³。《呼吸防护用品的选择、使用与维护》（GB/T 18664—2002）中规定硫化氢立即威胁生命和健康浓度为 430 mg/m³。人体对硫化氢的嗅觉感知有很大的个体差异，不同浓度的硫化氢对人体的危害也不同（见表3）。

表3　　硫化氢对人体的影响

气体名称	气体浓度/（mg/m³）	对人体的影响
硫化氢	0.000 7～0.2	人体嗅觉对其感知的浓度在此范围内波动，远低于引起危害的浓度，因而低浓度的硫化氢能被敏感地发觉
	30～40	其臭味减弱
	75～300	因嗅觉疲劳或嗅神经麻痹而不能觉察硫化氢的存在，接触数小时出现眼和呼吸道刺激
	375～750	接触 0.5～1 h 可发生肺水肿，甚至意识丧失、呼吸衰竭
	高于 1 000	数秒即发生猝死

硫化氢主要经呼吸道进入人体，遇黏膜表面上的水分很快溶解，产生刺激作用和腐蚀作用，引起眼结膜、角膜和呼吸道黏膜的炎症、肺水肿。硫化氢引发人体急性中毒的症状表现为轻度中毒、中度中毒和重度中毒。

1）轻度中毒。中毒表现为害怕光、流泪、眼刺痛、异物感、流涕、鼻及咽喉灼热感等症状。此外，还有轻度头昏、头痛、乏力的感觉。

2）中度中毒。中毒者表现为立即出现头昏、头痛、乏力、恶心、呕吐、行动和意识短暂迟钝等，同时引起呼吸道黏膜刺激症状和眼刺激症状。

3）重度中毒。中毒者表现为明显的中枢神经系统的症状，首先出现头昏、心悸、呼吸困难、行动迟钝，继而出现烦躁、意识模糊、呕吐、腹泻、腹痛和抽搐，迅速进入昏迷状态，最后可因呼吸麻痹而死亡。在接触极高浓度的硫化氢时，可发生“电击样”死亡，接触者在数秒内突然倒下，呼吸停止。

（2）一氧化碳。①理化性质。一氧化碳为无色、无臭、无味、无刺激性的气体。与空气密度相当，自燃点为608.89℃。几乎不溶于水，可溶于氨水。爆炸极限的浓度范围为12.5%～74.2%。在空气中燃烧呈蓝色火焰。遇热、明火易燃烧及爆炸。②有限空间内的主要来源。在有限空间中进行焊接作业时，含碳物质不完全燃烧会产生一氧化碳；反应釜中生产合成氨、丙酮、光气、甲醇等化学品时产生的副产物中存在一氧化碳；使用一氧化碳作为燃料等；使用柴油发电机、检查燃气管道、清洗反应塔（釜）等会接触到一氧化碳。③对人体的影响。《职业性接触毒物危害程度分级》（GBZ/T 230—2010）中，一氧化碳被列入Ⅱ级危害（高度危害）。《工作场所有害因素职业接触限值　第1部分　化学有害因素》（GBZ 2.1—2007）中规定，一氧化碳在工作场所空气中的时间加权平均容许浓度不能超过20 mg/m^3，短时接触容许浓度不能超过30 mg/m^3。《呼吸防护用品的选择、使用与维护》（GB/T 18664—2002）中规定一氧化碳的立即威胁生命和健康浓度为1 700 mg/m^3。一氧化碳主要损害神经系统，其引发人体急性中毒的症状表现为轻度中毒、中度中毒和重度中毒。

1）轻度中毒。中毒者会出现剧烈头痛、头晕、耳鸣、心悸、恶心、呕吐、无力，轻度至中度意识障碍但无昏迷，血液碳氧血红蛋白浓度可高于10%。

2）中度中毒。患者除上述症状外，意识障碍表现为浅至中度昏迷，但经抢救后恢复且无明显并发症，血液碳氧血红蛋白浓度可高于30%。

3）重度中毒。患者可出现深度昏迷或醒状昏迷、休克、脑水肿、肺水肿、严重心肌损害、呼吸衰竭等，血液碳氧血红蛋白浓度可高于50%。

（3）苯。①理化性质。苯是具有特殊芳香气味的无色油状液体。不溶于水，溶于醇、醚、丙酮等多数有机溶剂。易燃，闪点为−11℃，爆炸极限为1.45%～8.0%。其蒸气与空气混合能形成爆炸性混合气体，遇明火、高热极易燃烧爆炸，与氧化剂能发生强烈反应，易产生和聚集静电。其蒸气比空气密度大，在较低处能扩散很远，遇明火会引起回燃。②有限空间内的主要来源。在反应釜中制作油、脂、橡胶、树脂、油漆、黏结剂和氯丁橡胶等作业时用苯作为溶剂和稀释剂；苯用于制造各种化工产品，如苯乙烯、苯酚、顺丁烯二酸酐，以及多种清洁剂、炸药、化肥、农药和燃料等；在地下室、船舱内进行涂刷作业，以及对反应塔（釜）进行清洗、维修作业时会接触到苯。③对人体的影响。《职业性接触毒物危害程度分级》（GBZ/T 230—2010）中，苯被列入Ⅰ级危害（极度危害）。《工作场所有害因素职业接触限值　第1部分　化学有害因素》（GBZ 2.1—2007）中规定，苯在工作场所空气中的时间加权平均容许浓度不能超过6 mg/m^3，短时接触容许浓度不能超过10 mg/m^3。《呼吸防护用品的选择、使用与维护》（GB/T 18664—2002）中规定苯的立即威胁生命和健康浓度为9 800 mg/m^3。苯可引起各种类型的白血病，国际癌症研究中心已确认苯为人类的致癌物。苯引发人体中毒的症状表现为：

1）急性中毒。轻者出现兴奋、欣快感，步态不稳，以及头晕、头痛、恶心、呕吐、轻度意识模糊等。重者神志模糊加重，由浅昏迷进入深昏迷，甚至出现呼吸、心跳停止。

2）慢性中毒。多数表现为头痛、头昏、失眠、记忆力衰退，皮肤易出现划痕。慢性苯中毒主要损害造血系统，患者易感染、易发热、易出血。白细胞计数减少是慢性苯中毒早期最常见的现象。不过，在有限空间内作业未见慢性苯中毒现象。

（4）甲苯、二甲苯。①理化性质。甲苯、二甲苯都是无色透明、有芬芳气味、略带甜味、易挥发的液体，都不溶于水，溶于乙醇、丙酮和乙醚。甲苯闪点为4℃，爆炸极限为1.2％～7.0％；二甲苯闪点为25℃，爆炸极限为1.1％～7.0％，都属易燃液体。②有限空间内的主要来源。在反应釜中作为生产甲苯衍生物、炸药、染料中间体、药物等的主要原料；在有限空间进行涂刷作业或进行反应塔（釜）清洗时，作为油漆、黏结剂的稀释剂。③对人体的影响。《职业性接触毒物危害程度分级》（GBZ/T 230—2010）中，甲苯、二甲苯被列入Ⅲ级危害（中度危害）。《工作场所有害因素职业接触限值　第1部分　化学有害因素》（GBZ 2.1—2007）中规定，甲苯、二甲苯在工作场所空气中的时间加权平均容许浓度不能超过50 mg/m^3，短时接触容许浓度不能超过100 mg/m^3。《呼吸防护用品的选择、使用与维护》（GB/T 18664—2002）中规定甲苯、二甲苯的立即威胁生命和健康浓度分别为7 700 mg/m^3 和4 400 mg/m^3。甲苯、二甲苯主要经呼吸道吸收，有麻醉作用和轻度刺激作用，表现为头晕、头痛、恶心、呕吐、胸闷、四肢无力、步态不稳和意识模糊，严重者出现烦躁、抽搐、昏迷。

◎事故案例

某年7月3日下午14：30左右，某物业公司对新华联家园北区6号楼西侧污水井内的污水提升泵进行维修作业，3人下井维修作业时，发生中毒晕倒，公司先后又有7人下井实施救援，导致最终10

人均中毒的事故。在此次事故中，共造成物业公司 6 人窒息死亡，1 名公安消防队员牺牲，另外 4 名人员经抢救脱离生命危险。事故发生后，经疾病预防与控制中心对事故现场污水井内空气的快速检测结果表明，井下硫化氢气体浓度过高，是导致作业人员及救援人员中毒死亡的主要原因。

16. 有限空间易燃易爆物质有哪些？

易燃易爆物质是可能引起燃烧、爆炸的气体、蒸气或粉尘。有限空间内可能存在大量易燃易爆气体，如甲烷、天然气、氢气、挥发性有机化合物等，当其浓度高于爆炸下限时，遇到火源或以其他形式所提供的能量时就会发生燃烧或爆炸。另外，有限空间内存在的炭粒、粮食粉末、纤维、塑料屑以及研磨得很细的可燃性粉尘也可能引起燃烧和爆炸。

17. 引发气体或粉尘燃爆的条件是什么？

能够引发气体或粉尘燃爆的条件是：

（1）可燃物质和空气混合且达到爆炸极限。常见的易燃易爆物质的爆炸极限见表 4。

表 4　　常见的易燃易爆物质的爆炸极限

序号	名称	爆炸下限	爆炸上限
1	甲烷	5.0%	15.0%
2	氢气	4.0%	75.6%
3	苯	1.45%	8.0%
4	甲苯	1.2%	7.0%
5	二甲苯	1.1%	7.0%

续表

序号	名称	爆炸下限	爆炸上限
6	硫化氢	4.3%	45.5%
7	一氧化碳	12.5%	74.2
8	氰化氢	5.6%	12.8%
9	汽油	1.3%	6.0%
10	铝粉末	58.0 g/m^3	—
11	木屑	65.0 g/m^3	—
12	煤末	114.0 g/m^3	—
13	面粉	30.2 g/m^3	—
14	硫黄	2.3 g/m^3	—

（2）点燃源。明火、化学反应放热、物质分解自燃、热辐射、高温表面、撞击或摩擦产生火花、绝热压缩形成高温点、电气火花、静电放电火花、雷电作用以及直接日光照射或聚焦的日光照射均可形成点燃源，使满足爆炸的物质发生爆炸。

18. 有限空间易燃易爆物质来源有哪些?

有限空间内易燃易爆物质主要来源于以下几个方面：

（1）有限空间中易燃易爆气体或液体的泄漏和挥发。

（2）有机物分解，如生活垃圾、动植物腐败物分解等产生甲烷。

（3）作业过程中引入的，如使用乙炔焊接等。

（4）空气中的氧气含量（体积分数）超过23.5%时，形成了富氧环境。高浓度的氧气会造成易燃易爆物质的爆炸下限降低、上限提高，增加了爆炸的可能性，以及增大了可燃性物质的燃烧程度，可导致非常严重的火灾危害。

◎事故案例

某年11月22日凌晨3时许，位于青岛市黄岛区的中石化黄潍输油管线一输油管道发生破裂事故，造成原油泄漏。23 日上午 10 时 30 分左右，在修复管线过程中，开发区海河路和斋堂岛街交会处发生燃爆。事故造成 62 人死亡、136 人受伤，直接经济损失 75 172 万元。事故原因是输油管道泄漏，原油进入市政排水暗渠，在形成有限空间的暗渠内油气积聚达到爆炸极限，遇火花发生爆炸。

19. 进入有限空间作业前，危险、有害因素辨识的程序是什么？

进入有限空间作业前，一定要进行危险、有害因素的辨识。为了确保所有的危险、有害因素不被遗漏，必须按照一定的程序进行。有限空间危险、有害因素辨识的程序如图 1 所示。

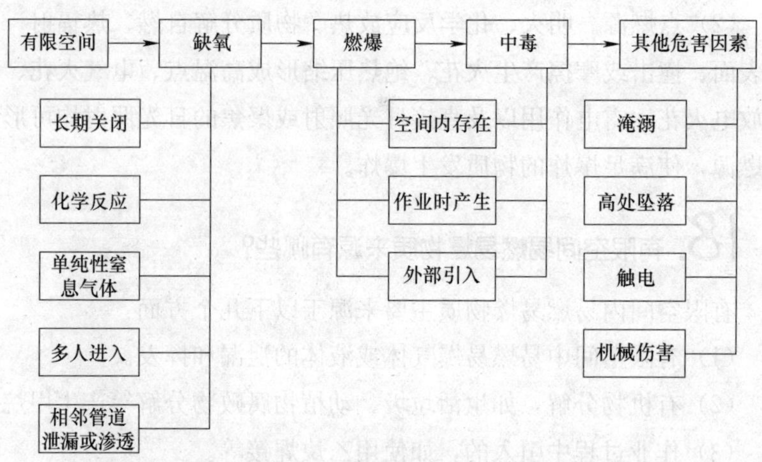

图 1　有限空间内危险有害因素的辨识程序

20. 进入有限空间作业前，进行危险、有害因素辨识需要了解哪些情况？

进入有限空间作业前，进行危险、有害因素辨识需要了解三个方面的情况，即固有风险、外部风险和作业产生的风险。

（1）固有风险

1）必须了解有限空间是否长期关闭，通风不良。

2）必须了解有限空间内存在的物质会否发生需氧性化学反应，如燃烧、生物的有氧呼吸等。

3）必须了解空间内部存储的物料是否存在有毒有害气体的挥发，或是否由于生物作用或化学反应而释放出有毒有害气体积聚于空间内部。如长期储存的有机物在腐败过程中会释放出硫化氢等有毒气体，这些气体长期积聚于通风不良的有限空间内部，可导致进入该空间的作业人员中毒。

4）必须了解有限空间内部存储的物质是否易燃易爆，存储的物质是否会挥发易燃易爆的气体从而积聚于有限空间内部。

5）必须了解有限空间内部曾经存储或使用过的物料所释放的有毒有害气体是否残留于有限空间内部。

6）必须了解有限空间内部的管道系统、储罐或桶发生泄漏时，有毒有害气体是否可能进入有限空间。

7）必须了解有限空间内是否有较深的积水。如下水道、化粪池等。

8）必须了解有限空间内是否有进行高于基准面 2 m 的作业。

9）必须了解有限空间内的电动器械、电路是否老化破损，发生漏电等。

10）必须了解有限空间内的机械设备是否可能意外启动，导致其传动或转动部件直接与人体接触，从而造成作业人员伤害等。

（2）外来风险

1）应了解有限空间邻近的厂房、工艺管道是否由于泄漏而使易燃易爆气体进入有限空间。

2）应了解有限空间邻近作业产生的火花是否能飞溅到存在易燃易爆物质的有限空间。

3）应了解有限空间邻近的厂房、工艺管道是否由于泄漏而使有毒有害气体进入有限空间内等。

（3）作业产生的风险

1）必须了解在有限空间作业过程中使用的物料是否是有毒有害气体，是否会挥发出有毒有害气体，以及挥发出的气体是否会与空间内本身存在的气体发生反应从而生成有毒有害气体。

2）必须了解在有限空间内是否进行焊接、使用发动机等导致产生一氧化碳的作业。

3）必须了解在作业过程中是否引入单纯性窒息气体挤占氧气空间，如使用氮气、氩气、水蒸气进行清洗。

4）必须了解有限空间内氧气的消耗速度是否过快，如过多人员同时在有限空间内作业。

5）必须了解与有限空间相连或接近的管道是否会因为渗漏或扩散，导致其他气体进入有限空间从而挤占氧气空间。

6）必须了解在有限空间作业过程中使用的物料是否会产生可燃性物质或挥发出易燃易爆气体。

7）必须了解存在易燃易爆物质的有限空间内是否存在动火作业。

8）必须了解在存在易燃易爆物质的有限空间内作业时是否使用带电设备、工具等，这些设备的防爆性能如何。

9）必须了解在存在易燃易爆物质的有限空间内活动是否产生静电等。

21. 什么是 IDLH?

IDLH 是指立即威胁生命和健康浓度。有害环境中空气污染物浓度达到某种危险水平时，即可致命，或可永久损害健康，或可使人立即丧失逃生能力。部分化学品的 IDLH 浓度见表 5。

表 5　部分化学品的 IDLH 浓度

化学物质	IDLH 值①/(10^{-6})	1 ppm 换算 mg/m^3 系数②(20℃)	IDLH 值③/(mg/m^3)(20℃)
乙酸	1 000	2.50	2 500
丙酮	20 000	2.42	48 000
氨	500	0.71	360
苯	3 000	3.25	9 800
甲苯	2 000	3.83	7 700
二甲苯	1 000	4.41	4 400
氯化氢	100	1.52	150
氰化氢	50	1.12	56
硫化氢	300	1.42	430
二氧化碳	50 000	1.83	92 000
二氧化硫	100	2.66	270
二硫化碳	1 000	3.16	1 600
一氧化碳	20 000	1.16	1 700
四氯化碳	500	6.39	1 900
氯	3 000	2.95	88
液化石油气	19 000	1.80	34 000
一氧化氮	1 000	1.25	120
二氧化氮	100	1.91	96
甲醛	50	1.23	37

续表

化学物质	IDLH 值①/ (10^{-6})	1 ppm 换算 mg/m^3 系数② (20℃)	IDLH 值③/ (mg/m^3) (20℃)
正己烷	300	3.58	18 000
溴化氢	50 000	3.36	170
异丙醇	100	2.50	30 000

注：①NIOSH DHHS 出版物 No.90—117 提供气态、液态有害物 IDLH 浓度的单位为 ppm。

②NIOSH DHHS 出版物 No.90—117 提供气态、液态有害物 ppm 浓度单位换算为 20℃、1 个大气压下 mg/g^3 的换算系数。

③换算后以 mg/g^3 为单位的 IDLH 浓度。

22. 进入有限空间作业前，进行危险、有害因素辨识后，如何进行风险评估和判断？

（1）评估

1）正常时的氧含量为 19.5%～23.5%。低于 19.5%为缺氧环境，存在窒息的可能；高于 23.5%为富氧环境，可能会引发氧中毒。

2）有限空间空气中的可燃性气体或粉尘浓度应低于爆炸下限的 10%，否则，便存在爆炸危险。进行油轮船舶拆修，以及油箱、油罐的检修，或有限空间的动火作业时，空气中可燃气体的浓度应低于爆炸下限的 1%。

3）粉尘或有毒气体的浓度须低于《工作场所有害因素职业接触限值　第 1 部分　化学有害因素》（GBZ 2.1—2007）所规定的限值要求，否则便存在中毒的可能。

4）其他危险有害因素应执行相关标准。

（2）判定

1）如果有限空间内的有害因素未知，应作为 IDLH 环境。

2）如果缺氧，或无法确定是否缺氧，应作为 IDLH 环境。

3）如果空气污染物的浓度未知、达到或超过 IDLH，应作为 IDLH 环境。

4）若空气污染物的浓度未超过 IDLH，应根据国家有关职业卫生标准规定的浓度并按下式确定危险有害因数：

危险有害因数＝空气污染物浓度/国家职业卫生标准规定的浓度

若同时存在一种以上的空气污染物，应分别计算每种空气污染物的危险有害因数，取数值最大的作为危险有害因数。通过危险有害因数的大小正确选择呼吸防护用品。

23. 进入有限空间作业前，需要办理什么手续?

进入有限空间作业必须办理《有限空间作业许可证》。如果还涉及动火作业、登高作业等，还要办理《动火作业证》和《高处安全作业证》等，不能使用《有限空间作业许可证》来代替。《有限空间作业许可证》如图 2 所示。

有限空间作业许可证

×××化工有限公司　　　　　　　　　　　　许可证编号：

所在单位		有限空间名称	
作业单位		作业内容	
许可证有效期	从　年　月　日　时　分起至　年　月　日　时　分止		
需办理其他许可证	□动火作业许可证　□高处作业许可证　□＿＿＿＿＿		
进入有限空间作业人员		现场监护人员	
主要危险因素	主要安全技术防护措施		
□中毒 □窒息 □火灾 □爆炸	□对作业人员和监护人员进行安全教育。 □切断与有限空间相连的所有管道，并加上盲板。 □电源有效切断后应上锁或加挂警示牌。		

<table>
<tr><td>□灼伤
□烫伤
□触电
□坠落
□机械伤害
□__________</td><td>□对有限空间进行清洗置换，定期分析合格，并符合国家工业卫生标准。
□作业场所通风要良好，必要时可采取强制通风，但严禁直接通入氧气或富氧空气。
□特殊有限空间作业，必须使用防爆或不产生火花的工具，必须佩戴相应的防护用具。
□使用超过安全电压的手持电动工具，必须配备漏电保护器。
□有限空间的出入口，保持畅通无阻，作业前后清点人数、工具、材料。
□现场配备充足有效的个人防护用品和呼吸器、安全绳等救援器具。</td></tr>
</table>

<table>
<tr><td rowspan="5">采样分析</td><td>需分析内容</td><td colspan="6">□防爆气体测试 □有毒有害介质测试 □氧气含量测试</td></tr>
<tr><td>分析项目</td><td>防爆气体</td><td>毒害介质</td><td>氧含量</td><td>取样时间</td><td>取样部位</td><td>分析人</td></tr>
<tr><td rowspan="3">分析数据</td><td></td><td></td><td></td><td></td><td></td><td></td></tr>
<tr><td></td><td></td><td></td><td></td><td></td><td></td></tr>
<tr><td></td><td></td><td></td><td></td><td></td><td></td></tr>
</table>

<table>
<tr><td>补充措施：

措施落实人签字：</td><td>许可证取消确认内容：

签字：</td></tr>
</table>

<table>
<tr><td rowspan="6">许可证审批栏</td><td>各部门或人员</td><td>签字</td><td>时间</td><td rowspan="6">许可证取消确认栏</td><td>各部门或人员</td><td>签字</td><td>时间</td></tr>
<tr><td>作业项目负责人</td><td></td><td></td><td>作业部门负责人</td><td></td><td></td></tr>
<tr><td>岗位值班长</td><td></td><td></td><td>现场监护人</td><td></td><td></td></tr>
<tr><td>现场安全员</td><td></td><td></td><td>岗位值班长</td><td></td><td></td></tr>
<tr><td>所在单位负责人</td><td></td><td></td><td>现场安全员</td><td></td><td></td></tr>
<tr><td>安全环保部</td><td></td><td></td><td>安全环保部</td><td></td><td></td></tr>
</table>

备注：1. 本许可证一式三联，第一联现场作业人持有或现场张贴，第二联现场监护人持有，第三联安全环保部存档；作业结束经确认后，第一、第二联交所在单位存档。

2. 本次作业需办理其他票证，主要危险因素等栏目填写请在□内划√；分析化验单请粘贴在本许可证第一联。

图 2　有限空间作业许可证

24. 有限空间作业对监护人的要求是什么?

监护人是保证进入有限空间作业安全的关键人物。监护人在保证自身安全的情况下，要对进入有限空间作业人员以及进入有限空间作业过程的安全负责。监护人应由进入有限空间所在单位指派责任心强、熟悉工艺流程，了解介质的化学、物理性能，会使用防护器具、消防器材，懂急救知识，有判断和处理异常情况的能力，并且经过安全监督管理部门培训考试合格、持有监护资格证的人员担任。一些基层单位由于人手紧张，安排一些老、弱、病、残、孕等人员担任监护人，这种做法是非常危险的。

监护人进行监护时，应佩戴明显标志，合理行使自己的职权。进入有限空间作业前，在安全技术人员和单位领导的指导下，逐项检查并落实各项安全防范措施的落实情况，重点检查有限空间的隔断情况。当进入有限空间作业的人员比较多时，要对作业人员逐个登记、点数。作业过程中要经常检查作业环境的变化情况，发现异常必须立即停止作业并从有限空间撤出。监护过程中，监护人千万不能以为自己没事干而擅自离开监护现场，也不允许在监护期间看书看报或兼做其他工作。

需要强调的是，现场作业监护人也不是越多越好，在实际工作中常会看到这样的情况，即一个危险性较大或者比较重要的作业活动，往往各相关职能部门的人员、施工单位的负责人、施工区域所在单位的负责人、安全管理人员等都在作业现场以示重视，这种情况不利于作业安全，不仅给作业人员带来压力，也不利于发生突发事故时的逃生疏散，尤其是在高处平台或者作业场地狭窄的环境作业时。

25. 有限空间作业监护人的职责是什么?

（1）在有限空间作业环境、作业方案和防护设施及用品达到安全要求后，方可允许人员进入有限空间。

（2）检查、确认应急准备情况，核实内外联络及呼叫方法。

（3）对未经允许试图进入或已经进入有限空间者进行劝阻或责令退出。

（4）对有限空间作业人员的安全负有监督和保护的职责。

（5）了解可能面临的危害，对作业人员出现的异常行为能够及时警觉并做出判断。与作业人员保持联系和交流，观察作业人员的状况。

（6）当发现异常，立即向作业人员发出撤离警报，并帮助作业人员从有限空间逃生，同时立即呼叫紧急救援。

（7）掌握应急救援的知识。

（8）监督作业人员遵守有限空间作业安全操作规程，正确使用有限空间作业安全设施与个体防护用品。

26. 进入有限空间作业应当接受哪些教育?

应对从事有限空间作业的人员进行安全教育培训，主要内容包括：有限空间的相关法律法规和操作规程；有限空间作业的安全操作技能；安全设备、设施、工具、劳动防护用品的使用、维护和保管知识；紧急情况下的个人避险常识、中毒窒息和其他伤害的应急救援措施；有限空间事故案例。经技术理论考核和实际操作技能考核成绩合格后，方可上岗。

27. 进入有限空间作业人员有哪些安全职责?

（1）接受有限空间作业安全技术培训，考核合格后上岗。

（2）遵守有限空间作业安全操作规程，正确使用有限空间作业安全设备与个人防护用品。

（3）应与监护人员进行有效的操作作业、报警、撤离等信息沟通。

（4）服从现场负责人的安全管理，接受现场安全监督。

（5）发现影响作业的异常情况或听到现场负责人、监护人员发出的撤出信号时立即撤离。

28. 有限空间作业现场负责人的安全职责有哪些?

（1）接受有限空间作业安全技术培训，考核合格后上岗。

（2）确认作业人员、监护人员及气体检测人员的职业安全培训及上岗资格。

（3）应完全掌握作业内容，了解整个作业过程中存在的危险、有害因素。

（4）确认作业环境、作业程序、防护设施、作业人员符合要求后，授权批准作业。

（5）及时掌握作业过程中可能发生的条件变化，当作业条件不符合安全要求时，立即终止作业。

（6）对未经许可试图进入或已进入有限空间的作业人员进行劝阻或责令退出。

（7）发生紧急情况时，应及时启动相应应急预案。

29. 有限空间作业其他检测人员的安全职责是什么？

（1）接受有限空间作业安全技术培训，考核合格后上岗。

（2）掌握有限空间危险有害气体的基本知识及气体检测仪的使用方法。

（3）实施作业前对危险有害气体进行检测并全程监测，如实记录危险有害气体数据，对气体检测仪器的完好、灵敏有效、分析数据的准确性负责。

（4）与监护者进行有效的沟通。

30. 进入缺氧的有限空间作业前，如何进行通风？

当作业人员必须进入缺氧的有限空间作业时，尽量利用所有人孔、手孔、料孔、风门、烟门进行自然通风；进入自然通风换气效果不良的有限空间时应采取强制通风。采取机械通风作业时，作业人员所需的适宜新风量应为 30～50 m^3/h，以满足稀释有毒有害物质的需要。通风一段时间后，再次取样分析空气合格后才允许进入作业。

31. 有限空间作业为什么要进行分级？

在实际安全管理工作中，由于有限空间数量庞大，且危险性相差很大，很多企业不进行分级管理，以致针对各类型有限空间作业均采取相同的审批层级和防护措施，而这种工作方法使企业浪费了大量的人力、物力和财力。同时由于工作环节过于烦琐复杂，有限空间管理制度在实行过程中往往导致职工的抵触情绪严重，违章作业等现象时有发生，给实际工作造成很大的困难。因此，对有限空间作业进行分级管理，能够合理区分有限空间的危险性，制定有差别的管理制度，突出管理重点，并大大提高工作效率。将有限空间进行分级管理后，可根据不同级别的有限空间制定不同的审批制度，确定不同的审批层级，并根据分级制定各级对应的管理规定，以使防护措施能符合有限空间作业的实际情况，从而提高工作效率，避免人、财、物的浪费。

32. 有限空间作业分级的依据是什么？

对有限空间作业进行分级，首先应对有限空间进行全面评估，根据有限空间内部已聚集或可能聚集的危险有害、易燃易爆物质的种类和含量，入内作业的频繁程度以及可能导致事故的严重程度等因素，分为不同级别。

33. 有限空间作业分为哪几级？

根据有限工作作业环境的危害程度，可由低到高分为三级。

（1）一级有限空间。自然通风良好，不存在明显危险，作业人员进入或撤离时无障碍或跌落风险，且在作业过程中不会产生衍生风险，符合下列所有条件。

1）氧含量为19.5%～23.5%。

2）可燃性气体、蒸气浓度不大于爆炸下限的5%。

3）有毒有害气体、蒸气浓度不大于《工作场所有害因素职业接触限值　第1部分　化学有害因素》（GBZ 2.1—2007）规定限值的30%。

4）作业过程中各种气体、蒸气浓度值保持稳定。

一般此类有限空间作业，要对作业面内其他气体的浓度实时监测，宜携带隔绝式呼吸防护用品，在作业过程中保持自然通风，须有人员进行监护。

（2）二级有限空间。氧含量为 19.5%～23.5%，且符合下列条件之一。

1）可燃性气体、蒸气浓度大于爆炸下限的 5%且不大于爆炸下限的 10%。

2）有毒有害气体、蒸气浓度大于《工作场所有害因素职业接触限值　第 1 部分　化学有害因素》（GBZ 2.1—2007）规定限值的 30%且不大于规定的限值。

3）作业过程中易发生缺氧。

4）作业过程中有毒有害或可燃性气体、蒸气浓度可能突然升高。

此类作业在作业过程中要进行持续的气体监测，应进行机械通风，应佩戴隔绝式呼吸防护用品，作业者应携带便携式气体检测报警设备连续检测作业面内的气体浓度，监护者应对有限空间内的气体浓度进行连续监测。

（3）三级有限空间。自然通风不良，环境中存在危险有害气体，且符合下列条件之一。

1）氧含量小于 19.5%或大于 23.5%。

2）可燃性气体、蒸气浓度大于爆炸下限的 10%。

3）有毒有害气体、蒸气浓度大于《工作场所有害因素职业接触限值　第 1 部分　化学有害因素》（GBZ 2.1—2007）规定的限值。

此类作业要执行最为严格的审批制度，须由本单位主管领导审批方可进入施工作业，在作业过程中应进行机械通风和佩戴隔绝式呼吸防护用品，须对气体进行连续监测，现场须备有应急救援装备。

34. 有限空间作业为什么要进行风险评估？

有限空间作业是一种带有较大危险性的作业，因此在作业过程中要强化管理，严格控制作业操作程序。风险评估是确保有限空间作业安全的一项重要程序。通过收集有限空间及拟开展作业的相关信息，分析危险产生的可能性及后果的严重性，进而制定具有针对性的风险防范和控制措施。

35. 有限空间分析评估的步骤有哪些？

（1）辨识危害。对有限空间进行危险有害因素的辨识，目的是找出所有可能会导致人员伤亡、疾病或财产损失的因素。辨识中应全面考虑作业环境的位置、结构特点，环境中原本存在的和作业过程中使用的物料及设备等带来的影响，分析是否存在缺氧窒息、燃爆、中毒、淹溺、高处坠落、触电、机械伤害、极端温度、噪声等因素。

（2）分析风险。风险分析即采用“风险度 R＝可能性 L×后果严重性 S”的评价法，对危险有害因素发生的可能性及引发后果的严重性进行研判，从而获得风险等级结果。以下介绍一种简单的风险评级方法。

1）发生危险的可能性。发生危险的可能性见表 6。

表 6　　发生危险的可能性

可能性	描　述
很有可能	重复发生
可能	预计会发生
不大可能	虽可想象到，但可能性很低
极不可能	几乎不可能发生

2）伤害的严重性。伤害的严重性见表 7。

3）风险评估。风险评估见表 8。

表7　伤害的严重性

严重性	描　述
轻微伤害	简单敷药处理，给予不超过三天的病假
一般伤害	需接受治疗，给予不超过七天的病假
严重伤害	需接受治疗，给予超过七天的病假
极严重伤害	死亡或永久性伤残

表8　风险评估

S \ L	很有可能	可能	不大可能	极不可能
极严重伤害	极大风险	重大风险	中度风险	中度风险
严重伤害	重大风险	重大风险	中度风险	轻微风险
一般伤害	中度风险	中度风险	中度风险	轻微风险
轻微伤害	中度风险	轻微风险	轻微风险	微不足道的风险

(3) 制定控制措施。根据风险评估的结果应采取相应的控制措施，有效地消除或降低风险，以保证作业的安全性。

1) 从根源上消除危险的措施。如采取机械作业代替人工作业等。

2) 从根源上降低危险的措施。如设置屏障，将危险有害物质隔离到作业区域外；清除作业环境的危险有害物质；通风等。

3) 减少工人暴露于危险的措施。如采用轮班制，减少有限空间作业时间；使用合适、有效的个人防护用品等。

4) 危险警示的措施。如张贴警示标志等。将风险评估中提出的控制措施、安全防护装备及用具、注意事项等纳入作业审批表（或工作许可证）中，以备作业人员遵守及管理者进行核查。

36. 有限空间作业为什么要进行作业审批?

作业审批有利于主管领导或安全管理部门对危险作业的人力资

源、安全防护措施等内容进行有效把关，对不合格事项在作业前能够及时调整，从而保障作业人员的安全。

37. 如何填写有限空间作业审批表？

从事有限空间作业的相关单位应按制度办理《有限空间作业审批表》（见表9）。该审批表至少一式两份，一份交作业人员保存，作为有限空间作业的凭证以备检查；另一份由授权单位或安全管理部门保存，审批表不得涂改且要求存档时间至少一年。未经审批，任何人不得独自进入有限空间作业。填写《有限空间作业审批表》时，应注意以下要点。

表9　　有限空间危险作业审批表

<table>
<tr><td>编号</td><td colspan="3"></td><td colspan="3">作业单位</td><td colspan="3"></td></tr>
<tr><td>所属单位</td><td colspan="3"></td><td colspan="3">设施名称</td><td colspan="3"></td></tr>
<tr><td>主要危险
有害因素</td><td colspan="9"></td></tr>
<tr><td>作业内容</td><td colspan="7"></td><td>填报人员</td><td></td></tr>
<tr><td>作业人员</td><td colspan="7"></td><td>监护人员</td><td></td></tr>
<tr><td rowspan="3">进入前检测
数据</td><td rowspan="2">检测项目</td><td rowspan="2">氧含量</td><td rowspan="2">易燃易爆
物质浓度</td><td colspan="4">危险有害气体
（粉尘）浓度</td><td rowspan="2">检测人员</td><td rowspan="2"></td></tr>
<tr><td></td><td></td><td></td><td></td></tr>
<tr><td>检测结果</td><td></td><td></td><td></td><td></td><td></td><td></td><td>检测时间</td><td></td></tr>
<tr><td>作业开工时间</td><td colspan="9">年　　月　　日　　时　　分</td></tr>
<tr><td rowspan="2">序号</td><td colspan="3" rowspan="2">主要安全措施</td><td colspan="6">确认安全措施符合要求（签名）</td></tr>
<tr><td colspan="4">作业者</td><td colspan="2">作业监护人员</td></tr>
<tr><td>1</td><td colspan="3">作业人员作业安全教育</td><td colspan="4"></td><td colspan="2"></td></tr>
<tr><td>2</td><td colspan="3">连续测定的仪器和人员</td><td colspan="4"></td><td colspan="2"></td></tr>
<tr><td>3</td><td colspan="3">测定用仪器准确可靠性</td><td colspan="4"></td><td colspan="2"></td></tr>
</table>

续表

序号	主要安全措施	确认安全措施符合要求（签名）	
		作业者	作业监护人员
4	呼吸器、梯子、绳缆等抢救器具		
5	通风排气情况		
6	氧气浓度、有害气体检测结果		
7	照明设施		
8	个人防护用品及防毒用具		
9	通风设备		
10	其他补充措施		
作业负责人意见： 签名：　　时间：　年　月　日　时　分			
单位负责人意见： 签名：　　时间：　年　月　日　时　分			
工作结束 确认人和结束时间	作业负责人签名： 年　月　日　时　分		

注：该审批表是进入有限空间作业的依据，不得涂改且要求安全管理部门存档时间至少一年。

（1）设备、设施名称。填写详细，应写到具体设施、设备。任何人都无权扩大或更改作业对象。

（2）作业内容。作业内容指作业的具体内容，如对作业对象进行清理、检修、电焊、涂刷防腐涂料等作业种类。任何人无权更改作业内容。

（3）作业人员。作业人员指直接进入有限空间作业的人员姓名，有几人就填写几人。进去几人，出来几人，要相互一致。

（4）监护人员。监护人员自始至终必须在作业现场，对作业前必须落实的安全措施进行检查，然后签字确认；作业中密切注意作业安全状况；作业后清点人员和器材，确认安全后方可离开。同时按事故应急救援预案，携带好相应的救援器材，以备急用。

（5）气体检测人员。气体检测人员必须详细填写检测时间、检测地点、气体名称、检测结果，并对检测气体的代表性和准确性负责，然后签字确认。

（6）作业负责人。作业负责人应为现场作业负责人，对整个作业安全负直接领导责任，自始至终在现场直接指挥、参与作业。现场作业负责人应对安全措施给予确认，有权补充完善。

（7）安全预防措施。根据有限空间风险评估结果及提出的建议，列举保证有限空间作业安全的各项措施，包括安全防护设备设施的配备、风险控制手段、检测分析手段、个人防护手段等。

38. 进入有限空间作业需要做哪些准备工作？

（1）危险辨识及风险评估。作业负责人应对作业环境进行危险辨识及风险评估，从而提出具体的、有针对性的作业实施方案。

1）有限空间是否存在可燃气体、液体或粉尘，有发生火灾或爆炸从而引起正在作业的人员受到伤害的危险。

2）有限空间是否存在因有毒有害气体或缺氧而引起正在作业的人员中毒或窒息的危险。

3）有限空间是否存在因任何液体水平位置的升高而引起正在作业的人员遇到淹溺的危险。

4）有限空间是否存在因固体坍塌而引起正在作业的人员掩埋或窒息的危险。

5）有限空间是否存在因极端的温度、噪声、湿滑的作业面、坠面、坠落物、尖锐锋利的物体等物理危害而引起正在作业的人员受到伤害的危险。

6）有限空间是否存在吞没、腐蚀性化学品、带电等因素而引起正在作业的人员受到伤害的危险。

（2）安全交底。现场作业负责人必须向其他成员进行安全交底，明确作业的具体任务、作业程序、作业分工、作业中可能存在的危险因素及应采取的防护措施等内容，交底清楚后要求交底人与被交底人双方签字确认，安全交底单要求存档备查。

（3）安全检查。作业人员应对作业设备、工具及防护器具进行安全检查，发现有安全问题的应立即更换，严禁使用不合格设备、工具及防护器具。

（4）做好个人防护。作业人员必须穿戴好安全帽、手套、防护服、防护鞋等劳动防护用品，做好个人防护。

39. 进入有限空间作业，如何进行危害告知?

有限空间作业场所运营或管理单位、施工单位，应在有限空间进入点附近张贴或悬挂危险告知牌以及安全警示标志，并告知作业者存在的危险有害因素和防控措施，一方面引起作业小组成员的注意和重视，另一方面警告周围的无关人员远离危险作业点。有限空间作业危险告知牌如图 3 所示。

40. 有限空间为什么要进行安全隔离?

在一些化工管道、容器、污水池、化粪池、集水井、发酵池等有限空间，都与外界系统有管道连接，其范围不容易确定。外界的危险有害物质随时可以通过管道进入作业区域，威胁作业人员的生命安全。所以在施工作业前，需通过隔离手段对有限空间的范围加以限

严禁无关人员进入有限空间

危险性

作业场所的浓度要求

● 硫化氢
作业场所最高容许浓度：10 mg/m^3
● 氧含量
空气中氧含量：不低于 19.5%
● 甲烷
爆炸下限：5%
● 一氧化碳
爆炸下限：12.5%
作业场所最高容许浓度：20 mg/m^3

安全操作注意事项

（一）严格执行作业审批制度，经作业负责人批准后方可作业
（二）坚持先检测后作业的原则，在作业开始前，对危险有害因素的浓度进行检测
（三）必须采取充分的通风换气措施，确保整个作业期间处于安全受控状态
（四）作业人员必须配备并使用安全带（绳）、隔离式呼吸保护器具等防护用品
（五）必须安排监护人员。监护人员应密切监视作业状况，不得离岗
（六）发现异常情况，应及时报警，严禁盲目施救

报警电话：110　　急救电话：120

图 3　有限空间作业危险告知牌

注：告知牌仅供参考，各单位可结合受限空间作业场所实际情况和行业规范的有关要求，自行设置警示内容。

定。安全隔离就是通过封闭、切断等措施，完全阻止危险有害物质和能源（水、电、气）进入有限空间，将作业环境从整个危险有害场所的环境中分隔出来，然后在有限的范围内采取安全防护措施，确保作业安全。若没有安全隔离，所采取的安全防护措施将无法确保作业人员的安全。

41. 进入有限空间作业前，如何进行清除置换？

在进入有限空间之前，可采用有效措施清除有限空间中的污染物，应尽可能在有限空间外完成这些准备工作。通过清洁可以将有限空间内可能残留的危险有害气体或可能释放出危险有害气体的残留物清理，消除污染源。例如，使用真空泵和软管将污泥或积水排走；倾斜存储罐将污泥排走；从有限空间外使用气压清洗；利用罐底的排放口进行排空等。针对部分有限空间，可采取清洗等措施，充分清除有限空间内的危险有害物质，如水蒸气清洁、惰性气体清洗和强制通风等，以消除或者控制所有存于有限空间内的危险有害因素。

(1) 用水蒸气净化

1）适用于有限空间内水蒸气挥发性物质的清洁。

2）清洁时，应保证有足够的时间彻底清除有限空间内的有害物质。

3）清洁期间，为防止有限空间内产生危险气压，应给水蒸气和凝结物提供足够的排放口。

4）清洁后应进行充分通风，防止有限空间因散热和凝结而导致任何“真空”。在作业人员进入存在高温的有限空间前，应将该空间冷却至室温。

5）清洗完毕，应将有限空间内所有的剩余液体排出或抽走，及时开启进出口以便通风。

6）水蒸气清洁过的有限空间长时间搁置后，应再次进行水蒸气清洁。

7）对腐蚀性物质或不易挥发物质，在使用水蒸气清洁之前，应用水或其他适合的溶剂或中和剂反复冲洗，进行预处理。

（2）用化学惰性气体净化

1）为防止有限空间内的易燃气体或易挥发液体在开启时形成具有爆炸性的混合物，可用化学惰性气体（如氮气或二氧化碳）清洗。

2）用化学惰性气体清洗有限空间后，在作业者进入或接近前，应当再用新鲜空气通风，并持续检测有限空间的氧气含量，以保证作业者进入或接近时有限空间内有足够维持生命的氧气。通过清除、清洗、置换等手段对作业范围内的危险有害物质进行控制，使危险有害物质的浓度降到合格标准。在有些危险有害场所无法进行上述排放、清洗、置换等措施时，必须采取其他安全防护措施加以保护。

42. 进入有限空间作业前，如何进行检测分析？

进行清除置换之后，在进入有限空间前必须进行危险有害气体的检测分析。气体检测分析是确保安全作业十分重要的手段。气体检测人员应对有限空间内的危险有害气体进行检测，根据不同化学物质的理化性质，对作业场所存在的危险有害气体进行分析，判断出危险有害气体的浓度是否达标，并对作业环境的危险程度作出评估，从而为作业人员采取何种防护措施进入有限空间内实施作业提供科学依据。因此，进行气体检测是从事有限空间作业必须掌握的技术。《密闭空间作业职业危害防护规范》（GBZ/T 205—2007）中对检测内容及程序方面进行了规范。

（1）检测程序

1）检测氧气浓度。这主要是因为可燃气体和有毒气体检测仪配备的传感器必须在一定的氧气浓度下才能正常工作。如催化燃烧式传感器要求氧气浓度至少在10%以上的环境才能进行准确测量。此外，无论是缺氧还是富氧环境，对人员的生命安全与健康都是首要危险。使用气体检测报警仪进行氧气检测时应注意，相对湿度过高会对许多仪器产生影响。因此，在潮湿环境中测试氧气，应保持探头朝下；若探头上有水滴形成，应迅速将其甩净。

2）检测可燃气体。可燃气体具有的燃爆危险，相对有毒气体或蒸气来说，更为危险。

进行可燃气体检测时应注意，一般有限空间空气中可燃性气体的浓度达到或超过其爆炸下限的20%时，除非能采取有效的控制措施使其浓度降低，否则作业人员禁止进入有限空间。一般可燃性气体浓度应低于爆炸下限的10%。如对油轮、船舶的拆修，以及油箱、油罐的检修，空气中可燃性气体的浓度应低于爆炸下限的1%。

3）有毒气体。有毒气体的浓度，应低于《工作场所有害因素职业接触限值　第1部分　化学有害因素》（GBZ 2.1—2007）所规定的浓度要求。如果高于此要求，应采取机械通风措施和个体防护措施。

当一种气体具有有毒、燃爆双重性质时，应比较该物质引起危害发生时所对应的浓度值，选择较低的值作为允许作业的限值。下面以硫化氢为例进行说明。

从表10可以看出，若使用可燃气体检测报警仪检测硫化氢，当检测结果为5%的LEL时，表明没有爆炸的危险，仪器并不会报警，但此时其浓度已达到3 055 mg/m^3，已经超过最高容许浓度以及立即威胁生命和健康的浓度，对作业人员的生命安全构成了极大的威胁。

（2）检测点设置。检测位置必须进行正确的选择（见图4和图5），以确保对整个有限空间进行检测，否则可能因为某些区域或位置

表 10　　　　硫化氢检测示例

LEL/%	ppm	mg/m³	备注
100	43 000	61 100	
10	4 300	6 110	可燃气体检测报警器设定的默认值
5	2 150	3 055	
0.7	300	430	立即威胁生命和健康浓度（IDLH）
0.02	7	10	最高容许浓度（MAC）

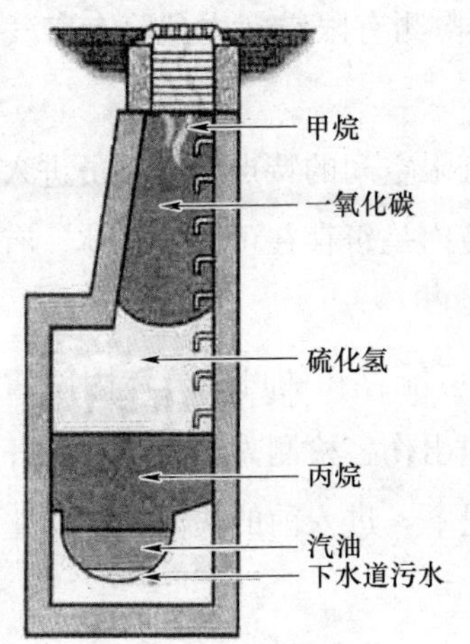

图 4　下水道检修井不同气体的积聚位置

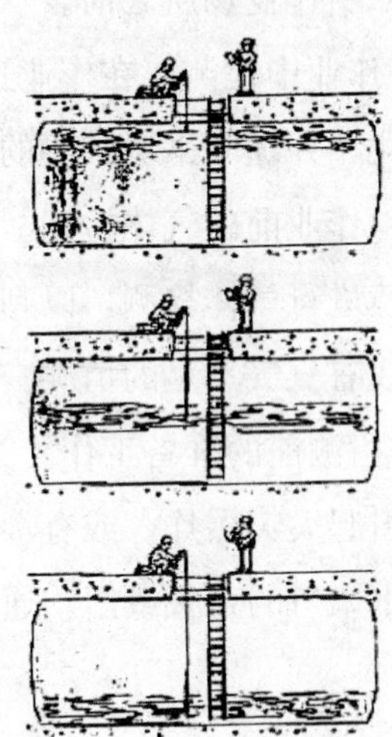

图 5　有限空间的检测位置

漏测而未能发现存在的气体危害，因而导致意外。

1）有限空间的出入口处，尤其在刚刚打开有限空间的时候，要首先检测此位置。

2）在有限空间中输入管线的进入处。

3）作业人员进行工作的位置。

4）有限空间内不同高度的位置，以及气体（蒸气）可能积聚的位置。

(3) 检测时机。有限空间气体检测应从作业前开始至作业结束，贯穿作业全过程。

1) 作业前检测：进行有限空间作业时，应按照“先检测后作业”的原则，在作业开始前对气体环境进行检测。其中包括：①开启有限空间出入口的盖板或门后。②通风、清洁、吹扫有限空间后。③作业人员进入新作业场所之前。

2) 作业中检测。在作业过程中检测有限空间内危险有害气体的浓度变化，并随时采取必要的措施。

(4) 作业前的气体检测。根据有限空间的特点，在人员进入前必须对环境进行气体检测，以判断环境内是否存在可燃性气体、有毒有害气体或有氧气不足的情况。

1) 检测前的准备工作。为防止可能存在的可燃气体因碰撞产生火花而引起火灾爆炸，或有毒气体逸出伤害检测人员，应小心开启有限空间出入口的盖板或门。通常情况下，进入前的检测往往不止进行一次。

2) 检测内容：①开启有限空间的出入口后，使用泵吸式气体检测报警仪对环境内不同位置可能存在的危险有害气体的成分进行检测。②当检测结果超过《工作场所有害因素职业接触限值　第1部分化学有害因素》(GBZ 2.1—2007) 规定的浓度值时，应对环境进行通风，并在通风后再次进行检测。③若检测后作业人员不能马上开始作业，则应在作业人员实际进入操作前20 min之内再次进行检测。④作业人员的工作面发生变化时，视为进入新的有限空间，应重新进行检测。检测人员应尽量在有限空间外进行检测，若必须进入有限空间检测，则检测人员必须做好防护措施后才能进入。

3）检测结果记录。所有检测结果必须真实地记录下来，应做到能获取以下信息：①危害气体的种类。②危害气体的浓度。③危害气体的存在位置。④对空间进行通风所需要的风量。

4）对检测结果进行评估。综合以上信息，对检测结果进行评估，为下一步的工程控制和防护设备选用等工作提供依据。①检测结果显示有限空间内没有有毒气体或其浓度未超过国家职业卫生标准规定值，且氧气含量为19.5%～23.5%，作业人员可选择紧急逃生呼吸器。②采取工程控制措施后，氧气含量为19.5%～23.5%，但危险有害气体的浓度始终大于标准规定值，则要依据以下基本原则选配呼吸防护用品：职业卫生标准规定浓度≤有毒气体浓度＜10倍职业卫生标准规定的浓度值，可选择防毒面具；10倍职业卫生标准规定浓度≤有毒气体浓度＜立即威胁生命和健康浓度值，可选择连续送风式长管呼吸器、高压式空气呼吸器等隔离式呼吸防护用品。③对于可能存在有毒气体的浓度突然升高情况的有限空间，为保证作业人员安全，应提高防护水平，选择长管呼吸器等隔离式的呼吸防护用品。④采取工程防护措施后，危险有害气体的浓度仍超过IDLH值，或环境缺氧，如无必要，不应实施作业。如果必须进行作业，则作业人员应选择佩戴配有备用气源的长管呼吸器等隔离式呼吸防护用品。⑤环境中含有可燃气体时，带入有限空间的所有设备均需满足防爆要求。当易燃易爆气体的浓度超过其爆炸下限的20%时，禁止进入有限空间实施作业，必须采取工程防护措施以降低可燃气体的浓度。

（5）作业过程中的实时检测。由于有限空间内部环境及作业的复杂性，在对有限空间初始环境检测确认作业人员可以安全进入后，为保证作业过程中的人员安全，现场监护人员必须对有限空间进行实时检测，且必须持续进行到作业人员撤离有限空间才能结束。实时检测主要有内外两种检测方式。

1）有限空间外的实时检测。负责检测的人员在有限空间外使用泵吸式气体检测报警仪进行检测。将采气导管投掷到作业人员所在的作业场所，并随作业人员的移动而移动。一旦有毒有害气体的浓度超过预设的报警值时，仪器便会发出报警，地面监护人员则立即通知作业人员进行撤离，并在作业人员重新进入实施作业前采取措施降低危险有害气体的浓度。这种方法的优点就是能够在最大限度上保证检测人员的安全，并且作业现场的负责人可根据环境中气体浓度的变化随时调整及完善作业方案，从而确保作业人员的安全。

2）有限空间内的实时检测。作业人员携带气体检测报警仪进入有限空间进行检测，这种实时检测方式是上一种检测方式的补充。尤其是当有限空间内的障碍物较多；采气导管容易被划破，影响检测结果；或需要进行长距离作业，采气泵无法达到要求时，必须将气体检测报警仪带入有限空间内进行检测。作业人员将检测结果及时向监护人员、作业负责人进行通报，一旦仪器发出报警，应及时采取处置、撤离等措施。这种实时检测方式对作业人员的应急处置和自救能力都提出了较高的要求。

43. 进入有限空间作业，如何进行通风换气？

通风换气是保证有限空间作业安全的重要措施。无论气体检测合格与否，对有限空间作业场所进行通风换气都是必须要做的，尤其是从事危险有害物质的清理、涂刷作业、电气焊等，其作业本身会散发出危险有害物质，所以更应加强通风换气。通风方式示例如图 6 所示。

（1）在确定有限空间范围后，先打开有限空间的门、窗、通风口、

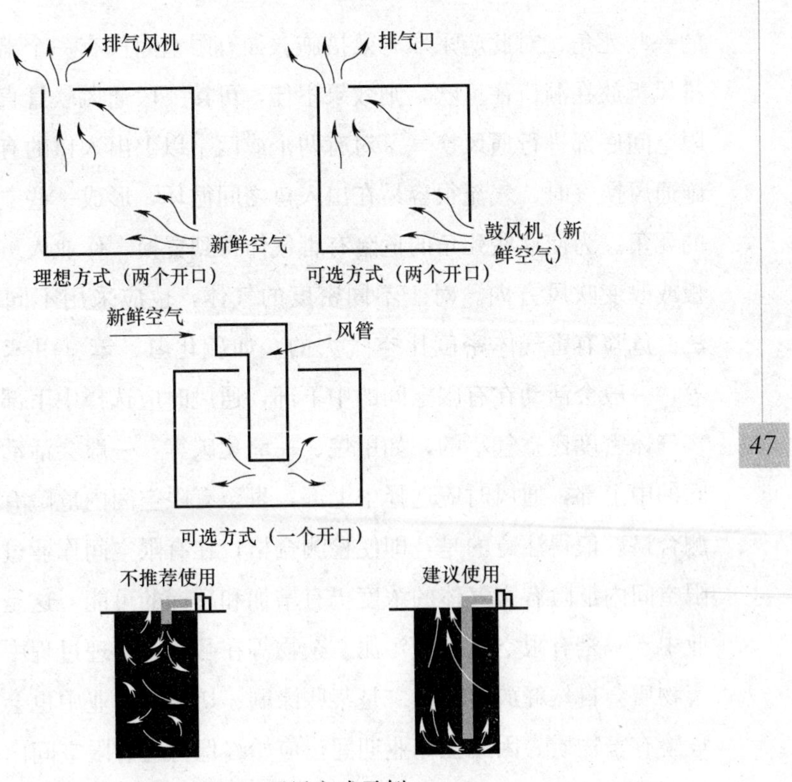

图 6　通风方式示例

出入口、人孔、盖板等进行自然通风。有限空间的许多场所往往处于低洼处或密闭环境，仅靠自然通风很难置换掉危险有害气体，因此必须进行强制性通风，以迅速排除限定范围内有限空间内的危险有害气体。

（2）当进行强制通风使用风机时，必须确认有限空间是否处于易燃易爆的环境，若检测结果显示处于易燃易爆的环境，必须使用防爆型排风机，否则易发生着火、爆炸事故。

（3）通风时应考虑足够的通风量，以保证能稀释作业过程中释放出来的危害物质，满足安全呼吸的要求。

（4）在进行通风换气时，必须注意有限空间在通风时不易置换到的一些死角，对此应采取有效措施。如有限空间仅有一个出入口，若排风机放在洞口往里吹，则效果不佳，可接一段通风软管直接放在有限空间底部进行通风换气。对有两个或两个以上出入口的有限空间实施通风换气时，气流很容易在出入口之间循环，形成一些空气不流通的死角。为使这些死角的危险有害气体得到置换，作业人员应设置挡板或改变吹风方向。对于不同密度的气体，也应采用不同的通风方法。危险有害气体密度比空气大的，如硫化氢、苯、甲苯、二甲苯等，一般会活动在有限空间的中下部，通风时应选择中下部；危险有害气体密度比空气小的，如甲烷、一氧化碳等，一般会活动在有限空间的中上部，通风时应选择中上部，直至有限空间内危险有害气体检测合格。值得注意的是，即使检测合格，在有限空间作业过程中，有限空间内危险有害气体的浓度仍有增加和超标的可能。这是因为在作业中，一是有限空间内的污泥、杂物等在翻动、清理过程中，危险有害物质会自然释放出来；二是某些涂刷、切割等作业中也会产生一些危险有害物质。因此在作业期间，应始终保持对有限空间内的通风。

（5）通风换气时一定要注意新鲜空气的来源，风机应避免选择放置在启动中的机动车排气管附近等可能释放出尾气或其他可能产生有害气体的地方。禁止向有限空间输送氧气来稀释危险有害气体。

44. 进入有限空间作业，如何进行正确的防护？

若有毒有害气体的浓度合格，作业人员方可直接进入；若有限空间内危险有害气体仍存在超标或有可能超标，而在这种情况下仍需要进入时，作业人员必须佩戴供压缩空气的正压式呼吸器或长管式呼吸器进入有限空间内进行作业，严禁使用过滤式防毒面具。当作业人员进行高处作业时，应配备安全带、安全绳、速差式控制器等防坠落用具。此外，还应根据作业环境配备防护服、防护手套、防护鞋、防护眼镜等个体防护用品。

45. 进入有限空间作业，如何进行安全监护？

由于有限空间作业的情况复杂、危险性大，必须指派经过培训合格的专门人员担任监护工作。监护人员应熟悉作业区域的环境和工艺情况，有判断和处理异常情况的能力，掌握急救知识。作业期间，监护人员应防止无关人员进入作业区域，掌握作业的进行情况，与作业者保持有效沟通，在发生紧急情况时向作业者发出撤离警告，必要时立即呼叫应急救援服务，并在有限空间外实施紧急救援工作。监护人员对作业全过程进行监护，工作期间严禁擅离职守。

46. 进入有限空间作业，如何进行安全撤离？

当完成有限空间作业后，监护人员要确保进入有限空间的作业人员全部退出作业场所，清点人数、物资无误后，方可关闭有限空间的盖板、人孔、洞口等出入口，同时清理有限空间外部作业环境，上述环节完成后方可撤离现场，如图 7 所示。同时，在以上作业过程中使用到的相关安全防护设备、器材，要求关键环节必须采取冗余设计，从而确保整个作业环节安全、顺利进行。

47. 进入有限空间作业程序是什么？

有限空间作业必须按下列程序进行，不得颠倒：作业审批；作业准备；危害告知；安全隔离；清除置换；检测分析；通风换气；正确防护；安全监护；安全撤离。

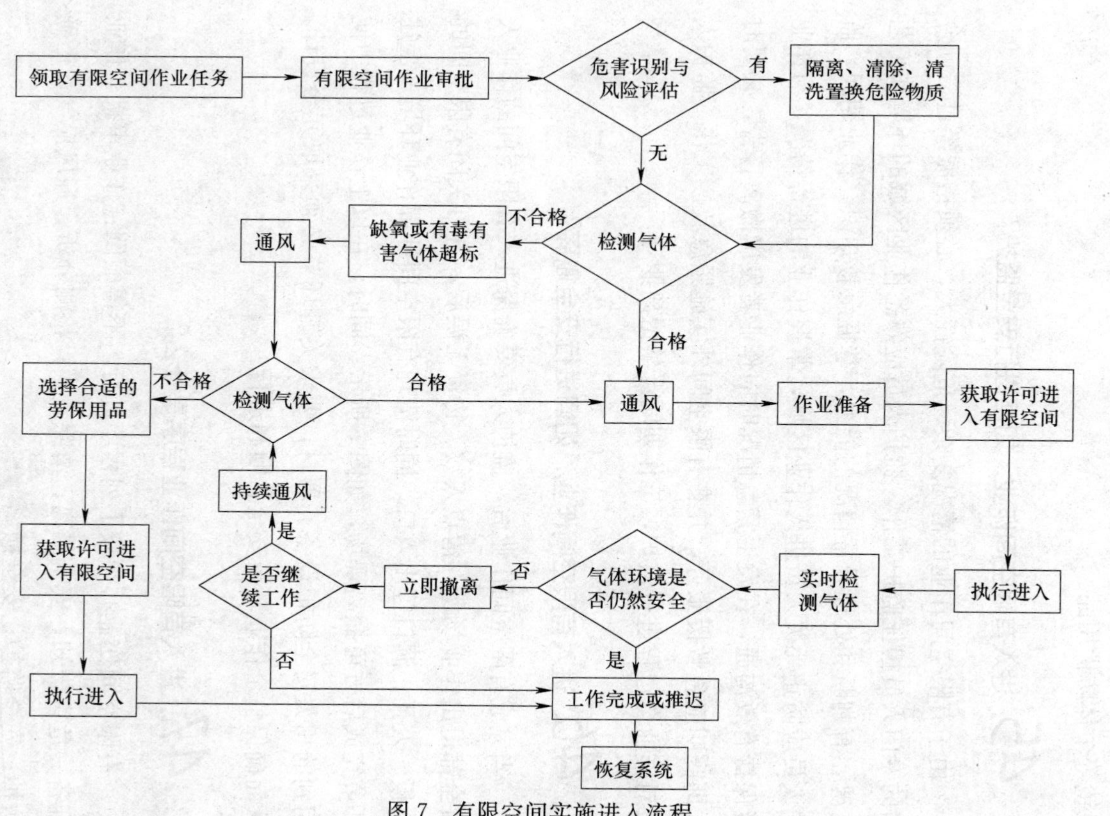

图 7　有限空间实施进入流程

第二部分 行业有限空间作业安全

48. 地下有限空间作业的特点是什么?

(1) 地下有限空间情况复杂，危险性的预料和判断难度较大。

(2) 作业场所光线较暗、潮湿或气味难闻，作业环境较为恶劣。

(3) 工作多是管线清淤、污水井清掏、化粪池清理等重体力劳动。

(4) 由于多为简单重体力劳动，导致参与的作业人员多为农民工等，存在作业人员流动性大、受教育程度较低及对有限空间作业内的危险有害因素认识不足等缺点。

(5) 安全防护设备是有限空间作业过程中必不可少的装备。

49. 地下有限空间的危险因素有哪些?

地下有限空间作业普遍存在的危险有害因素如下。

(1) 物体打击。许多地下有限空间，作业人员在作业过程中，由于其安全意识不强，监护人员监护不到位，在传递工具或打开窨井盖、釜盖等过程中发生物体打击伤害。

(2) 中毒或窒息。大多有限空间由于长期处于密闭状态，且很少进行清理和维护，或在发酵菌长期作用下产生并积聚有毒有害气体，倘若在作业过程中安全措施不落实，通风不彻底，往往使危险有害物质和窒息性气体滞留在有限空间内，致使作业人员中毒或窒息。

（3）高空坠落。在作业人员进入有限空间过程中，由于踏步损坏、未采取合理的防坠落措施等情况或高温、光线不良等环境因素的影响，极易造成高空坠落事故。

（4）触电。作业人员进入有限空间作业，往往需要进行焊接、抽水或使用手持电动工具等作业，在作业过程中，由于空间内的空气湿度大导致电源线漏电、未使用漏电保护器或漏电保护器选型不当以及焊把线绝缘损坏等，造成作业人员触电伤害。

（5）爆炸。由于通风不良，有限空间内的有害物质挥发的可燃气体在空间内不断聚集，当其达到爆炸极限后，遇明火即会发生爆炸，造成人员、设施的损害。综上所述，在进入有限空间作业前要充分、细致地辨识可能存在的危险有害因素，并有针对性地制定相应的防护措施，才能保证安全作业。

◎事故案例

某年8月1日8时许，北京某公司吸污车司机侯某带领清洁工高某驾驶吸污车，到嘉华大厦B座化粪池进行吸污作业。当时，物业公司维修班人员到达作业现场监护，并要求侯某将D座一个污水管网检查井内的油块一并清除。侯某二人完成B座化粪池吸污作业后，随即检查了D座、F座的有关井池，当检查到F座西北角化粪池检查井时，发现井内有杂物堆积，侯某便仅穿雨鞋，携带铁钩，在未进行检测、通风和佩戴任何防护用品的情况下，贸然下井作业，不久晕倒在井内污水中，井上高某见状，没有贸然施救，一边求助，一边用工具托住侯某下巴，防止其头部没入水中，后经路人报警，救援人员赶到后将侯某救出，经医务人员抢救无效死亡。经疾控中心工作人员现场检测（6.5 h），甲烷浓度超过国家标准3.7倍，氧含量低于正常值，初步分析为缺氧窒息死亡。

50. 地下有限空间作业管控要点有哪些？

地下有限空间作业管控有以下要点：

（1）认真填写《有限空间作业审批表》，经批准后方可实施。

（2）作业前应查清作业区域内的管径、井深、水深及附近管道的情况。

（3）下井作业前，必须在井周围设置明显隔离区域，夜间应加设闪烁警示灯。若在城市交通主干道上作业占用一个车道时，应按《占道作业交通安全设施设置技术要求》在来车方向设置安全标志，并派专人指挥交通，夜间工作人员必须穿戴反光标志服装。

（4）作业前由现场负责人明确作业人员各自任务，并根据工作任务进行安全交底，交底内容应具有针对性。新参加工作的人员、实习人员和临时参加劳动的人员可随同参加工作，但不得分配单独作业的任务。

（5）作业人员应采用风机强制通风或自然通风，机械通风应按管道内平均风速不小于0.8 m/s选择通风设备，自然通风时间至少30 min，并在整个作业过程中持续通风。

（6）下井前进行气体检测时，应先搅动作业井内的泥水，使气体充分释放出来，以测定井内气体的实际浓度。检测井下的空气含氧量不得低于19.5%。

（7）如气体监测仪出现报警，则需要延长通风时间，直至气体监测仪检测合格后方可下井作业。若因工作需要或紧急情况必须立即下井作业时，必须经单位领导批准后佩戴正压式空气呼吸器或长管式呼吸器下井。

(8) 作业人员必须穿戴好劳动防护用品，并检查所使用的仪器、工具是否正常。

(9) 下井前必须检查踏步是否牢固。当踏步腐蚀严重、损坏时，作业人员应使用安全梯或三脚架下井。下井作业期间，作业人员必须系好安全带、安全绳（或三脚架缆绳），安全绳（或三脚架缆绳）的另一端在井上固定，监护人员做好监护工作，工作期间严禁擅离职守。

(10) 下井作业人员禁止携带手机等非防爆类电子产品或打火机等火源，必须携带防爆照明、通信设备。可燃气体浓度超标时，严禁使用非防爆相机拍照。作业现场严禁吸烟，未经许可严禁动用明火。

(11) 当作业人员进入管道内作业时，井室内应设置专人呼应和监护。作业人员进入管道内部时携带防爆通信设备，随时与监护人员保持沟通，若信号中断必须立即返回地面。

(12) 对于污水管道、合流管道和化粪池等地下有限空间，作业人员进入时必须穿戴供压缩空气的正压式呼吸器或送风式长管呼吸器，严禁使用过滤式防毒面具；对于缺氧或所含危险有害气体的浓度超过容许值的雨水管道，作业人员也应穿戴供压缩空气的正压式呼吸器或送风式长管呼吸器进入。

(13) 佩戴隔离式防护装具下井作业时，呼吸器必须有用有备，无备用呼吸器严禁下井作业。作业人员须随时掌握正压式空气呼吸器的气压值，判断作业时间和行进距离，保证预留足够的空气返回；作业人员听到空气呼吸器的报警音后，必须立即撤离。

(14) 作业人员进入管内进行检查、维护作业的管道，其管径不得小于 0.8 m，水流流速不得大于 0.5 m/s，水深不得大于 0.5 m，充满度不得大于50%。否则，作业人员应采取封堵、导流等措施降低作业面水位，符合条件后方可进入管道。一般采取盲板或充气管塞封堵。排水管道封堵时，应先封上游管口，采取水泵导流，再封下游管口，防止水流倒流，从而成为有限空间作业限定安全的作业环境；拆除封堵时，应先拆下游管堵，再拆上游管堵。使用盲板封堵时，要求盲板必须完好，不得有砂眼和裂缝，并且具有一定的强度，能承受排水管道内水流的压力。使用充气管塞封堵时，要求封堵前将放置管塞的管段清理干净，防止管段内突起的尖锐物体刺破或擦坏管塞，并且充气压力不得超过最大试验压力。

（15）作业过程中，必须有不少于两人在井上监护，并随时与井下作业人员保持联络。气体检测仪必须全程连续检测，一旦出现报警，作业人员应立即撤离。工作期间严禁擅离职守，严禁一人独自进入有限空间作业。

（16）上下传递作业工具和提升杂物时，应用绳索系牢，严禁抛扔，同时下方作业人员应避开绳索正下方，防止坠物伤人。

（17）井内水泵运行时人员严禁下井，防止触电。

（18）作业人员每次进入井下连续作业时间不得超过1 h。

（19）当发现潜在危险因素时，现场负责人必须立即停止作业，让作业人员迅速撤离现场。

（20）发生事故时，严格执行相关应急预案，严禁盲目施救，防止事故扩大。

（21）作业现场应配备必备的应急装备、器具，以便在紧急情况下抢救作业人员。

（22）作业完成后盖好井盖，清理好现场后方可离开。

51. 密闭设备作业如何进行气体检测分析？

（1）安排分析检测人员对设备内的氧气、可燃气体、危险有害气体的浓度进行分析。

（2）取样分析要有代表性、全面性。设备容积较大时要对上、中、下各部位取样分析，应保证设备内部任何部位的危险有害气体的浓度和氧含量合格（空气中可燃性气体浓度低于其爆炸下限的10%为合格；对船舶的货油舱、燃油舱和滑油舱的检修、拆修，以及油箱、油罐的检修，空气中可燃性气体浓度低于其爆炸下限的1%为合格。氧含量19.5%～23.5%为合格）；危险有害物质不超过国家规定的卫生接触限值。作业设备内的温度应与环境一致。分析结果报出后，样品至少应保留4 h。

（3）因条件所限而必须进入氧含量不合格、危险有害气体超过国家卫生标准限值的设备内作业时，应制定专门的安全措施，并报上级领导审批，由安全监督管理部门派人到现场监督检查。可燃气体检测不合格时严禁盲目进行此类作业。

52. 密闭设备作业如何进行要点控制？

（1）在进入设备作业前，严禁同时进行各类与该设备相关的试车、试压或试验工作及活动。将设备吹扫、置换合格，所有与其相连且可能存在危险有害物料的管线、阀门断开并加盲板隔离，不得以关闭阀门代替安装盲板，盲板处应挂标志牌。严禁堵塞通向有限空间外大气的阀门。

（2）必须将设备内残留的液体、固体沉积物及时清除处理，或采用其他适当介质进行清洗、置换，且保持足够的通风量，将危险有害气体排出有限空间，同时降温，直至达到安全作业环境要求。

（3）带有搅拌器等转动部件的设备，必须在停机后办理停电手续，切断电源、摘除保险或挂接地线，并在开关上挂“有人检修、禁止合闸”标志牌，必要时设专人监护。

（4）对盛装过能产生自聚物的设备，作业前必须进行置换，并做聚合物加热试验。

（5）设备必须牢固，防止侧翻、滚动及坠落。在设备制造时，因工艺要求有限空间必须转动时，应限制最高转速。

53. 密闭设备作业电气和照明安全有哪些注意事项？

（1）进入设备内作业应使用安全电压和安全灯具。进入金属容器（炉、塔、釜、罐等）和特别潮湿、工作场地狭窄的非金属容器内作业，照明电压不大于 12 V；当需使用电动工具或照明电压大于 12 V 时，应按照规定安装漏电保护器，灯具或工具与线的连接应采用安全可靠且绝缘的重型移动式通用橡胶套电缆线，露出的金属部分必须完好连接地线，其接线箱（板）严禁带入容器内使用。

（2）作业环境原来用于盛装爆炸性液体、气体等介质的，则应使用防爆电筒或电压不大于 12 V 的防爆安全灯具，灯具变压器不应放在容器内或容器上；作业人员应穿戴防静电工作服，使用防爆工具，严禁携带手机等非防爆通信工具和其他非防爆器材。

（3）对于引入设备内的照明线路必须悬吊架设固定，以避开作业空间；照明灯具不许用电线悬吊，照明线路应无接头。

54. 密闭设备作业需要哪些安全防护？

（1）在设备内的高处作业时，必须设置脚手架，并固定牢固；作业人员必须佩戴安全带和安全帽。

（2）根据作业环境和有害物质的情况，应按《个体防护装备选用规范》（GB/T 11651—2008）规定，分别采用头部、眼睛、皮肤及呼吸系统的有效防护用具。在特殊情况下（如油罐清罐、氮气状态下），作业人员应戴长管呼吸器或正压呼吸器。使用送风式长管呼吸器时，送风设备必须安排专人监护。

55. 密闭设备作业需要做哪些应急救援准备工作？

（1）设备外敞面周围应有便于采取急救措施的通道和消防通道，通道较深的设备必须设置有效的联络方法。

（2）根据需要制定安全应急预案，内容包括作业人员在紧急状况时的逃生路线和救护方法，监护人与作业人员约定联络信号，现场应配备的救生设施和灭火器材等。现场人员应熟知应急预案内容，在设备外的现场配备一定数量符合规定的应急救护器具（包括正压呼吸器、长管呼吸器、救生绳等）和灭火器材。出入口内外不得有障碍物，保证其畅通无阻，便于人员出入和抢救疏散。

（3）出现作业人员中毒、窒息等紧急情况时，抢救人员必须佩戴隔离式防护装具进入设备，并至少有1人在外部做联络工作。

56. 密闭设备涂装作业有哪些注意事项？

在密闭设备的各类作业中，涂装作业的危险性很大，因此在作业中还应特别注意以下几个方面。

（1）涂装作业时，设备外敞面应设置警戒区、警戒线、警戒标志，未经许可不得入内。

（2）进行涂装作业时，不论是否存在可燃性气体或粉尘，都严禁携带能产生烟气、明火、电火花的器具或火种进入设备内，严禁将火种或可燃物落入设备内。

（3）设置灭火器材，专职安全员应定期检查，以保持有效状态；专职安全员或消防员应在警戒区定时巡回检查，监护作业过程。

（4）进行涂装作业时，设备外必须有人监护，遇有紧急情况，应立即发出呼救信号。

（5）在仅有顶部出入口的设备内进行涂装作业的人员，除佩戴个人防护用品外，还必须腰系救生索，以便在必要时由外部监护人员拉出设备。

（6）在进行涂装作业时，应避免各物体间的相互摩擦、撞击、剥离，在喷漆场所不准脱衣服、帽子、手套和鞋等。

（7）涂装作业完毕后，剩余的涂料、溶剂等物必须全部清理出设备，并存放到指定的安全地点。

（8）涂装作业完毕后，必须继续通风并至少保持到涂层实干后方可停止。在停止通风后，至少每隔 1 h 检测可燃性气体的浓度，直到符合规定方可拆除警戒区。

57. 密闭设备动火作业有哪些注意事项？

（1）动火作业时，除要有《有限空间作业许可证》外，还要办理《动火证》。

（2）作业采取轮换工作制，设备外必须有人监护，遇有紧急情况应立即发出呼救信号。

（3）在仅有顶部出入口的密闭设备进行热工作业的人员，除佩戴个人防护用品外，还必须腰系救生索，以便在必要时由外部监护人员拉出设备。

（4）所有管道和容器内部不允许残留可燃物质，可燃气体的浓度符合规定方可作业。

（5）在设备内或邻近处需进行涂装作业和动火作业时，一般先进行动火作业，后进行涂装作业，严禁同时进行两种作业。

（6）带进设备内用于气割、焊接作业的氧气管、乙炔管、割炬（割刀）及焊炬等物必须随作业人员的离开而被带出密闭设备，不允许留在设备内。

（7）在已涂覆底漆（含车间底漆）的工作面上进行动火作业时，必须保持足够通风，随时排除有害物质。

58. 密闭设备内作业有哪些注意事项?

进入锅炉、反应塔（釜）、储罐等密闭内作业，相关人员应遵守以下事项：

（1）当实施作业的单位和设备所属单位不是同一单位时，双方各出一名监护人。

（2）作业设备内温度应与环境一致。

（3）因条件所限而必须进入氧含量不合格、有毒有害气体超过国家卫生限值的设备内作业时，应制定专门的安全措施，并报上级领导审批，由安全运营部派人到现场监督检查，可燃气体检测不合格时严禁进行此类作业。

（4）在进入设备作业前，严禁同时进行各类与该设备相关的试车、试压或试验工作及活动。将设备吹扫、置换合格，所有与其相连且可能存在可燃可爆、有毒有害物料的管线、阀门断开并加盲板隔离，不得以关闭阀门代替安装盲板，盲板处应挂牌标识，严禁堵塞通向有限空间外大气的阀门。

(5) 必须将设备内残留液体、固体沉积物及时清除处理，或采用其他适当介质进行清洗、置换，且保持足够的通风量，将危险有害的气体排出有限空间，同时降温，直至达到安全作业环境。

(6) 带有搅拌器等转动部件的设备，必须在停机后办理停电手续，切断电源、摘除保险或挂接地线，并在开关上挂“有人检修、禁止合闸”标示牌，必要时设专人监护。

(7) 设备必须牢固，防止侧翻、滚动及坠落。

(8) 作业期间应每隔 4 h 取样检测一次，除必须实施作业外，如有 1 项分析不合格，应立即停止作业。如进入存有残渣、填料、吸附剂、催化剂、活性炭等设备内工作，必须每 0.5 h 用便携式测氧仪、测爆仪、测毒仪检测一次。

(9) 为应防止人员误进，在作业设备的入口处设置“危险！严禁入内”警告牌或采取其他封闭措施。

(10) 作业现场应设置作业牌，将作业许可证、监护人、进入密闭设备作业人员的入厂证放入牌内，方便监护人员核对及各级安全监督管理人员监督检查。

(11) 进入设备内作业不得使用卷扬机、吊车等运送作业人员，作业人员所带工具、材料须进行登记，禁止与作业无关的人员和物品工具进入。

(12) 进入设备内作业应使用安全电压和安全灯具。进入金属容器（炉、塔、釜、罐等）和特别潮湿、工作场地狭窄的非金属容器内作业，照明电压不大于 12 V；当需使用电动工具或照明电压大于 12 V 时，应按照规定安装漏电保护器，灯具或工具与线的连接应采用安全可靠绝缘的重型移动式通用橡胶套电缆线，露出金属部分必须完好连接地线，其接线箱（板）严禁带入容器内使用。

（13）作业环境原来盛装爆炸性液体、气体等介质的，则应使用防爆电筒或电压不大于 12 V 的防爆安全灯具，灯具变压器不应放在容器内或容器上；作业人员应穿戴防静电服装，使用防爆工具，严禁携带手机等非防爆通信工具和其他非防爆器材。

（14）对于引入到设备内的照明线路必须悬吊架设固定，避开作业空间；照明灯具不许用电线悬吊，照明线路应无接头。

（15）为保证设备内空气流通和人员呼吸需要，可采取自然通风，且必须设置机械通风。使用抽风机时，吸风口应放置在下部。当存在与空气密度相同或小于空气密度的污染物时，还应在顶部增设吸风口。此外，在有条件的情况下应使用鼓风机向设备内输送新鲜空气，加快设备内空气流动。严禁用纯氧进行通风。设备内人员每次作业时间不宜过长，应安排轮换作业或休息。

（16）在有限空间内高处作业时，必须设置脚手架，并固定牢固；作业人员必须佩戴安全带和安全帽。

（17）据作业环境和有害物质的情况，应按《个体防护装备选用规范》（GB/T 11651—2008）规定分别采用头部、眼睛、皮肤及呼吸系统的有效防护用具。在特殊情况下（如油罐清罐、氮气状态下），作业人员应戴送风式长管呼吸器、空气呼吸器。使用送风式长管呼吸器时，送风设备必须安排专人监护。

（18）在作业期间发生异常变化，应立即停止作业，待处理并达到安全作业条件后，需重新办理《作业许可证》方可进入。

（19）作业结束后，进行全面检查，确认无误后方可签字交验。

（20）有限空间外敞面周围应有便于采取急救措施的通道和消防通道，通道较深的有限空间必须设置有效的联络方法。

（21）根据需要制定安全应急预案。内容包括作业人员紧急状况时的逃生路线和救护方法，监护人与作业人员约定联络信号，现场应配备的救生设施和灭火器材等。现场人员应熟知应急预案内容，在设备外的现场配备一定数量符合规定的应急救护器具（包括空气呼吸器、送风式长管呼吸、救生绳等）和灭火器材。出入口内外不得有障碍物，保证其畅通无阻，便于人员出入和抢救疏散。

（22）出现人员中毒、窒息等紧急情况时，抢救人员必须佩戴隔离式防护面具进入设备，并至少有1人在外部做联络工作。

59. 燃气有限空间作业有哪些注意事项?

燃气管道泄漏或误操作可能导致有限空间内积聚燃气，容易引发缺氧窒息和燃爆事故，因此在燃气井、小室、管线内作业时要特别注意。

（1）打开燃气井盖前应检测可燃气体浓度，存在可燃性气体时，应采取相应的防爆措施。

（2）进入燃气有限空间作业前，必须进行气体检测，其中燃气体积浓度应小于1%，氧气含量应大于等于19.5%且小于等于23.5%，一氧化碳含量0。

（3）进入燃气井、小室、管线作业必须使用防爆设备和工具，作业人员穿戴防静电服装。应配备足够的防爆照明设备。

（4）作业负责人应根据作业现场情况，轮换作业者进行作业或休息。

（5）出现作业者中毒、窒息等紧急情况时，除立即启动应急救援预案外，有限空间外至少留两人做监护和联络工作。

60. 热力有限空间作业有哪些注意事项?

地下热力管网中流动有高温的水或蒸气，管网高温、高湿、带压运行，自然通风不良，作业环境较为恶劣，容易造成窒息、中暑、烫伤、高处坠落等事故的发生。从事地下热力管网作业时应注意以下问题：

（1）职业禁忌证人员不得从事地下热力管网作业。例如高血压、糖尿病等。

（2）发现热力管道地下有限空间蒸汽泄漏等危险情况时，须立即打开相邻的井盖，关闭上下游阀门，并采取通风、降温等措施，确保没有危险时，方可进入。

（3）进入有限空间前，对作业面空气进行充分置换，机械通风设备功率应选用在 2.2 kW 以上。

（4）待热力管网内的温度至少下降到 40℃以下，作业者方可进入作业。作业时间不得超过 30 min，且作业过程中需要全程通风。

（5）作业者应系安全带和安全绳，同时在小室进口、管沟进口小室和出口小室预设救生索。

（6）工作现场还应携带防烫服装、呼吸器等护具，根据实际情况进行使用。

61. 电力有限空间作业有哪些注意事项?

为防止在电力井、电力隧道等地下有限空间作业时发生窒息、触电、中毒等事故，作业时应注意以下问题：

（1）在下水道、煤气管线、潮湿地、垃圾堆或有腐质物等附近挖坑时，应设监护人。

（2）变电站、开闭站、配电室、沟道进行电缆工作时，应事先与运行单位取得联系，并不得触动无关的设备。

（3）电缆隧道应有充足的照明，并有防火、防水、通风的措施。

在电缆井内工作时，禁止只打开一只井盖（单眼井除外）。

（4）在通风条件不良的电缆隧（沟）道内进行长距离巡视或维护时，工作人员应携带便携式有害气体测试仪及自救呼吸器（紧急逃生呼吸器）。

（5）进入六氟化硫（SF_6）配电装置低位区或电缆沟进行工作应先检测含氧量（不低于19.5%）和 SF_6 气体含量是否合格。（SF_6 是窒息性气体）

（6）主控制室与 SF_6 配电装置室间要采取气密性隔离措施。SF_6 配电装置室与其下方电缆层、电缆隧道相通的孔洞都应封堵。SF_6 配电装置室及下方电缆层隧道的门上，应设置“注意通风”的标志。

（7）每次工作时间不宜过长，应由作业负责人视现场情况安排轮换作业或休息。

有限空间作业安全及防护用品

62. 有限空间作业进行的气体检测时机有哪些?

有限空间的气体检测是保证作业安全的重要手段之一。在作业人员进入有限空间前，应对作业场所内的气体进行检测，以判断其内部环境是否适合人员进入。在作业过程中，还应通过实时检测，及时了解气体浓度的变化，为作业中危险有害因素的评估提供数据支持。

63. 有限空间作业常用的气体检测仪器有哪些?

针对有限空间的特点及安全作业要求，一般采用现场气体快速检测方法。常用的气体检测仪器主要有两种，即便携式气体检测报警仪、气体检测管装置。

64. 便携式气体检测报警仪的组成和工作原理是什么?

便携式气体检测报警仪能连续实时地显示被测气体的浓度，达到设定报警值时可实时报警，主要用于检测有限空间中的氧、可燃气体、硫化氢、一氧化碳等气体的浓度。

（1）组成。便携式气体检测报警仪一般由外壳、电源、采样器、气体传感器、电子线路、显示屏、报警显示器、计算机接口、必要的附件和配件等几大部分组成。其中，气体传感器是便携式气体检测报警仪的核心部件，是判别一台仪器性能好坏的重要指标之一。传感器是一种将被测的物理量或化学量转换成与其有确定对应关系的电量输出的装置。

（2）工作原理。便携式气体检测报警仪的工作原理是被测气体以扩散或泵吸的方式进入检测报警仪内，与传感器接触后发生物理、化学反应，并将产生的电压、电流、温度等信号转换成与其有确定对应关系的电量输出，经放大、转换、处理后显示所测气体的浓度。当浓度达到预设报警值时，仪器自动发出声光报警。

65. 便携式气体检测报警仪有哪些类型?

市场上的便携式气体检测报警仪种类繁多，以下对其分类作简单介绍。

（1）按检测气体的种类分类

1）可燃气体检测报警仪，一般采用催化燃烧式、红外、热导、半导体式传感器。

2）有毒气体检测报警仪，一般采用电化学、金属半导体、光离子化、火焰离子化传感器。

3）氧气检测报警仪，一般采用电化学传感器。

（2）按仪器上传感器的数量分类

1）单一式检测报警仪，仪器上仅仅安装一个气体传感器，仅检测某种特定的气体，如甲烷（可燃气体）检测报警仪、硫化氢检测报警仪等。

2）复合式检测报警仪，将多种气体传感器安装在一台检测仪器上，从而实现对多种有毒有害气体的同时检测。

（3）按获得气体样品的方式分类

1）扩散式检测报警仪，仅仅通过危险有害气体的自然扩散，使气体成分到达检测仪上的传感器而达到检测目的的仪器。

2）泵吸式检测报警仪，通过使用一体化吸气泵或者外置吸气泵，将待测气体引入检测仪器中进行检测的仪器。

66. 便携式气体检测报警仪的选用原则是什么？

（1）复合式与单一式。复合式气体检测报警仪自身集成了多个传感器，实现了“一机多测”的功能，适用于复杂环境的检测，因此广泛应用于有限空间的气体检测。如安装有电化学传感器、红外式传感器、催化燃烧式传感器的五合一气体检测报警仪，可检测硫化氢、一氧化碳、氧气、二氧化碳、甲烷，可基本满足对污水井、化粪池、电力井、燃气井、使用氮气净化过的储罐等有限空间作业场所的检测工作。此外，复合式气体检测报警仪的传感器可根据用户的实际需要进行选配，选择可检测常见有毒有害气体的传感器，以提高利用率。

单一式气体检测报警仪仅安装一个气体传感器，只能检测某一种气体，适用于有毒有害气体种类相对单一的环境。如果在复杂环境中使用，那么这类仪器往往与其他单一式气体检测报警仪或二合一、三合一等复合式气体检测报警仪配合使用，作为复合式气体检测设备的一种有效的补充。如硫化氢检测报警仪与氧气（可燃气体）检测报警仪配合使用对污水井进行检测。

（2）泵吸式与扩散式。泵吸式气体检测报警仪是在仪器内安装或外置采气泵，通过采气导管将远距离的气体“吸入”检测仪器中进行检测，其优点是能够使检测人员在有限空间外进行检测，最大限度地保证其生命安全。在进入有限空间前的气体检测以及在作业过程中需要进入新作业场所前的气体检测，必须使用泵吸式气体检测报警仪。使用泵吸式气体检测报警仪要注意两点：一是为将有限空间内部的气体抽至仪器内，采样泵的抽力必须足以满足仪器对流量的需求；二是在实际使用中要考虑到随着采气导管长度的增加而带来的吸附问题。

扩散式气体检测报警仪主要依靠自然空气对流将气体样品带入检测报警仪中与传感器接触发生反应，其优点是能够真实反映环境中气体的自然存在状态，缺点是无法进行远距离采样。通常情况下，采用扩散方式进行测量的仪器的检测范围仅局限于一个很小的区域，也就是在靠近检测仪器的地方。因此，此类检测报警仪适合作业人员随身携带进入有限空间，在作业过程中实时检测作业周边的气体环境。

在实际应用中，这两类气体检测报警仪往往相互配合，同时使用，最大限度地保证作业人员的生命安全。

67. 便携式气体检测报警仪如何操作?

便携式气体检测报警仪的操作过程包括以下几个阶段：

（1）使用前检查。气体检测报警仪在被带到现场进行检测前，应对其进行必要的检查。

1）开机自检。打开仪器。绝大多数仪器开机后要经过一个“自检”的过程，以保证仪器进入“准备好”状态。

2）检查仪器的电量是否充足。目前很多仪器在自检的过程中会自动对电量进行检查，有些仪器在电量不足时还会做出提示。若电量不满足使用需要的话，应及时充电或更换电池。在更换电池时应注意，不能在易燃易爆环境中进行更换，防止因摩擦形成静电火花，从而引发燃爆事故。

3）校准。为确保仪器的稳定性和数据测量的准确性，在使用前要对仪器进行校准。在办公室或远离作业环境等“洁净”空气中开机，进行调“零”。这里的洁净空气要求气体环境中无有毒有害、易燃易爆气体，空气中的氧含量为 20.9%。如果空气环境无法达到要求，可以选择使用空气过滤器或标准空气瓶进行调“零”。除了调“零”之外，在使用前还应用已知浓度的标准气体对检测仪进行测试，如果检测仪显示浓度与标准气体浓度相同，读数在最小分辨率上下波动，说明仪器运行稳定，可以正常使用。如果经过测试确认仪器灵敏度下降，仪器就要重新标定。

为保证仪器的测量精度，仪器在使用过程中还应定期标定，标定周期视产品和使用环境而定。使用已知浓度的标准气体对仪器进行标定，调节仪器使得到的稳定读数与标准气体的浓度相同，然后移开标准气体，仪器显示值恢复到“零”，即完成了标定工作。

需要说明的是，当气体检测仪更换检测传感器后，除了需要一定的传感器活化时间外，还必须对仪器进行重新校准；在各类气体检测仪器使用之前，一定要用标准气体对仪器进行一次检测，以保证仪器准确有效。

每种检测报警仪的说明书中都详细地介绍了校正的操作步骤，使用者应认真阅读，严格按照操作说明书进行操作。

（2）现场检测。现场检测所使用的气体检测报警仪必须合格有效。使用泵吸式气体检测报警仪，将采气导管的一端与仪器进气口相连，另一端投入有限空间内，使气体通过采气导管进入仪器中进行检测。使用扩散式气体检测报警仪，被测气体直接通过自然扩散方式进入仪器中进行检测，被测气体与传感器接触发生相应的反应，产生电信号，并被转换成为数字信号显示，检测人员读取数值并进行记录。当气体浓度超过设定的报警值时，蜂鸣器会同时发出声光报警信号。

（3）关机。检测结束后，关闭仪器。需要提醒的是，可燃气体检测报警仪在关闭前要保证检测仪器内的气体全部参加反应，读数重新显示为设定的初始数值，才可关闭，否则会对下次使用产生影响。

目前市场上的气体检测报警仪种类繁多，在使用前要仔细阅读产品说明书，掌握仪器的技术指标、操作规程、设置方法、维护保养常识等内容，熟练操作仪器。

68. 便携式气体检测报警仪使用有哪些注意事项？

（1）定期检定。除按照厂家产品说明书上要求的校准外，使用人员应根据相关的法规及标准规范要求定期将仪器送至专业计量检验机构进行检定，以保证仪器的正常使用。如根据《可燃气体检测报警器》（JJG 693—2011）规定，硫化氢气体检测仪的检定周期一般不超过 1 年。如果对仪器的检测数据有怀疑、仪器更换了主要部件及修理后应及时送检。

（2）注意各种不同的传感器在检测时可能受到的干扰。一般而言，每种传感器都对应一种特定的气体，但其他气体的存在可能会对传感器造成干扰。因此，在选择一种气体传感器时，都应当尽可能了解其他气体对该传感器的检测干扰，以保证它对特定气体的准确检测。如一氧化碳传感器对氢气有很大的反应，所以当存在氢气时，就会对一氧化碳的测量造成困难；氧气含量不足对用催化燃烧传感器测量可燃气的浓度会有很大的影响，这也是一种干扰。因此，在测量可燃气的时候，一定要测量伴随的氧气含量。

（3）注意各类传感器的寿命。各类气体传感器都具有一定的使用年限，即寿命。一般来讲，催化燃烧式可燃气体传感器的寿命较长，一般可以使用 3 年左右；红外和光离子化检测仪的寿命为 3 年或更长一些；电化学特定气体传感器的寿命相对短一些，一般为 1～2 年；氧气传感器的寿命最短，在 1 年左右（电化学传感器的寿命取决于其中电解液的干涸，所以如果长时间不用，将其放在较低温度的环境中可以延长一定的使用寿命）。因此，必须在传感器的有效期内使用，一旦失效，要及时更换。

（4）警报设置。对于仪器操作者来讲，选择一个合适的警报设定是十分重要的。警报值要设定在有毒有害气体浓度的危险性不足以使工作者失去自救能力之下，因为工作人员需要足够的时间和能力逃到安全地带。如职业安全与健康标准（OSHA）确定超过可燃气体爆炸下限的 10％就存在危险，这实际上就是允许的最高浓度。

另外，作为警报设定的参考值是时间加权平均容许浓度（PC-TWA）、短时间接触的容许浓度（PC-STEL）、最高容许浓度（MAC）、最大值、最小值、平均值等。如果是设定氧气报警值，则应选择最大值和最小值。如果长时间在有限空间内工作，报警值设置为 PC-TWA 值应该是比较合理的。而对于大多数有限空间作业而言，作业时间都较短，因此报警值应设定为 MAC 值或 PC-STEL 值。有限空间内气体浓度的变化可能会很快，也许在很短时间内就会由安全转化为危险。如在疏通污水管线过程中，污泥中的硫化氢会瞬间释放出来，引起硫化氢浓度迅速升高。因此，在设置报警值时需要考虑到以下几个因素：①工作环境到安全场所的距离。②引发警报时有毒有害气体浓度增加的速度。③过度暴露的影响。

（5）注意检测仪器的浓度测量范围。表 11 是常见气体传感器的检测范围、分辨率、最高承受限度（ppm）。

各类有毒有害气体的检测仪都有其固定的检测范围，这也是传感器测量的线性范围。只有在其测定范围内完成测量，才能保证仪器能

表 11 常见气体传感器的检测范围、分辨率、最高承受限度

传感器	检测范围/ppm	分辨率	最高浓度/ppm
一氧化碳	0～500	1	1 500
硫化氢	0～100	1	500
二氧化硫	0～20	0.1	150
一氧化氮	0～250	1	1 000
氨气	0～50	1	200
氰化氢	0～100	1	100
氯气	0～10	0.1	30
VOC	0～5 000	0.1	—

够准确地进行测定。在线性范围之外的检测，其准确度是无法保证的。而若长时间在测定范围以外进行检测，还可能对传感器造成永久性的破坏。如可燃气体检测仪，如果不慎在超过可燃气体爆炸下限100%的环境中使用，就有可能彻底烧毁传感器；有毒气体检测仪若长时间工作在较高的浓度下，也会造成电解液饱和，从而造成永久性损坏。所以，一旦便携式气体检测仪器在使用时发出超限信号，要立即离开现场，以保证人员的安全。

69. 气体检测管由哪些部分组成?

气体检测管装置是用于测定气体浓度并给出可靠测定结果的一整套装置，包括检测管、采样器、预处理管及其他附件。

（1）气体检测管。气体检测管是一种填充涂有载体和化学指示剂（以上两者合成指示粉）的透明管子，利用指示粉在化学反应中产生的颜色变化测定气体的浓度或种类。

（2）采样器。采样器是指与检测管配套使用的手动或自动采样装置。

（3）预处理管。预处理管是用于对样品进行预处理的管子，如过滤管、氧化管、干燥管等。

（4）附件。附件是气体检测管装置中必要的组成部分，如检测管支架、采样导管、散热导管、浓度标准色阶、标尺和校正表等。

70. 气体检测管的工作原理是什么？

气体检测管装置主要依靠气体检测管的变色进行检测。气体检测管内填充有吸附了显色化学试剂的指示粉。当被测空气通过检测管时，有毒有害物质与指示粉迅速发生化学反应，被测物质浓度的高低，将导致指示粉产生相应的颜色变化。根据指示粉颜色的变化可以对有毒有害物质进行快速的定性和定量分析。

71. 气体检测管分为哪些种类？

气体检测管主要可以分为以下几种：

（1）比长式气体检测管：根据指示粉变色部分的长度确定被测组分的浓度值。

（2）比色式气体检测管：根据指示粉的变色色阶确定被测组分的浓度值。

（3）比容式气体检测管：根据产生一定变色长度或变色色阶的采样体积确定被测组分的浓度值。

（4）短时间型气体检测管：用于测定被测组分的瞬时浓度。

（5）长时间型气体检测管：用于测定被测组分的时间加权平均浓度。

（6）扩散型气体检测管：利用气体扩散原理采集样品的气体检测管装置。该类型装置不使用采样器。

72. 气体检测管采样器分为哪些种类?

气体检测管采样器是与检测管配套使用的手动或自动采样装置。其可以分为以下几种:

（1）真空式采样器。采样器利用真空气体的原理，使气体首先通过检测管后再被吸入采样器中。

（2）注入式采样器。采样器采用活塞压气原理，将先吸入采样器内的气体压入检测管。

（3）囊式采样器。采样管采用压缩气囊原理，使具有弹簧的气囊达到压缩状态后，通过气囊性状的恢复过程，使气体首先通过检测管后再被吸入采样器中。

73. 气体检测管的特点有哪些?

使用气体检测管装置具有以下特点:

（1）操作简便，容易掌握。

（2）检测时间短，可在几分钟之内测出工作环境中有害物质的种类或浓度。

（3）灵敏度高，最高灵敏度可达 0.001 ppm（0.01×10^{-6}）。

（4）采气量小，一般采样体积在几十毫升至几升。

（5）应用范围广，能定性（定量）测定无机和有机气体。

气体检测管装置的价格较为低廉，且具有操作简单、检测物质种类多、灵敏度高等特点，但不支持实时检测，可作为便携式气体检测报警仪的一种有效的补充手段。

74. 如何使用气体检测管进行气体检测?

以比长式气体检测管配合真空采样器使用为例，介绍使用气体检测管装置进行气体检测的方法。

(1) 取出检测管，将检测管的两端封口在真空采样器的前端小切割孔上折断。

(2) 把检测管插在采样器的进气口上（检测管上的进气箭头指向采样器）。

(3) 对准所测气体，转动采样器手柄，使手柄上的红点与采样器后端盖上的红线相对。

(4) 拉开手柄到所需位置（100 mL 或 50 mL，由采样器上的卡销定位)，将手柄旋转 90°固定。等 2～3 min，当检测管变色的前端不再往前移动时，取下检测管，从检测管上即可读出所测气体的浓度。

(5) 测量完毕，转动手柄使红点与刻线错开，将手柄推回原位。

(6) 当检测管要求的采气量大于 100 mL 时，不用拔下检测管，直接再次拉手柄第二次采集气体。

可用采样器后端的计数器累计采气次数。移动计数器使计数器上的数字与红线相对即可。

75. 使用气体检测管有哪些注意事项?

(1) 检测管和采样器连接时，应注意检测管所标明的箭头指示方向。

(2) 作业现场存在干扰气体时，应使用相应的预处理管，并注意正确的连接方法。

(3) 当使用现场的温度超过规定温度范围时，应用温度校正表对测量值进行校准。

(4) 对于双刻度检测管应注意刻度值的正确读法。

（5）使用检测管时要检查有效期。

（6）检测管应与相应的采样器配套使用。

（7）采样前，应对采样器的气密性进行试验。

76. 呼吸防护有几种方法？

呼吸防护用品是防止缺氧和空气污染物进入呼吸道的防护用品。呼吸防护有以下两种方法：

（1）净气法。净气法又称净化法，是使吸入的气体经过滤料去除污染物质以获得较清洁的空气供佩戴者使用。滤料的特性与污染物的成分和物理状态有关。这种呼吸防护用品不能用于缺氧环境，也不能对所有污染物起到防护作用。

（2）供气法。供气法即提供一个独立于作业环境的呼吸气源，通过空气导管、软管或佩戴者自身携带的供气（空气或氧气）装置向佩戴者输送呼吸的气体。

77. 呼吸防护用品有哪些类型？

呼吸防护用品分为过滤式和自吸式两种。

（1）过滤式呼吸防护用品。过滤式呼吸防护用品是借助净化部件的吸附、吸收、催化或过滤等作用，将空气中的有害物质去除后供呼吸使用的呼吸防护用品。其中依靠使用者呼吸克服部件阻力的称为自吸过滤式呼吸防护用品，依靠动力（如电动风机）克服部件阻力的称为送风过滤式呼吸防护用品。过滤式呼吸防护用品主要由过滤元件和头罩两部分组成，有些还在过滤部件与面罩之间加呼吸管连接。其面罩有半面罩和全面罩两种，半面罩仅罩住口、鼻部分，有的也包括下巴；全面罩可罩住整个面部区域，包括眼睛。过滤元件主要有防颗粒物类、防气体和蒸气类，或是防颗粒物、气体和蒸气组合类，每类元件都有各自适用的范围。过滤式呼吸防护用品不能产生氧气，因此不能在缺氧环境中使用，而且过滤元件的容量有限，防毒滤料的防护时间会随有害物浓度的升高而缩短；而防尘滤料会因粉尘的累积而增加阻力，因此需要定期更换。

（2）隔绝式呼吸防护用品。隔绝式呼吸防护用品是将佩戴者的呼吸器官与作业环境隔绝，由携带的气源或导气管引入作业环境以外的洁净空气供佩戴者呼吸的呼吸防护用品。隔绝式呼吸防护用品分为正压式和负压式两种。正压式呼吸防护用品在佩戴者的任一呼吸循环过程中，面罩内始终保持大于环境的气压；负压式呼吸防护用品在佩戴者的呼吸循环过程中，面罩内的压力在吸气阶段均小于环境压力。

隔绝式呼吸防护用品不靠过滤材料过滤有害物，因此适用于各类空气污染物存在的环境，但受携带气源容量的限制，其使用时间有限，且使用时间与有害物质的浓度无关，而只与气源容量和使用者自身的呼吸量有关，所以使用时间比较确定，使用者自己携带气源及全套设备，自主控制，但设备较重，需要使用者有良好的体力，此外进入狭小空间也会受到一定的限制。另外，通过长管输送洁净空气供给使用者呼吸的防护用品，在系统运行正常的情况下，使用时间没有限制，但空气管会限制使用者的活动范围，而且呼吸管有使用者无法控制意外断开的可能性。

78. 呼吸防护用品一般选用原则是什么？

（1）在没有防护的情况下，任何人不应暴露在能够或可能危害健康的空气环境中。

（2）应根据国家的有关职业卫生标准对作业中的空气环境进行评

价，识别有害环境的性质，判定危害程度。

（3）应首先考虑采取工程措施控制有害环境的可能性。若工程措施因各种原因无法实施，或无法完全消除有害环境，以及在工程措施未生效期间，应根据作业环境、作业状况和作业人员选择适合的呼吸防护装备。

（4）应选择国家认可的、符合标准要求的呼吸防护产品。

（5）选择呼吸防护产品时也应参照使用说明书的技术规定，符合其适用条件。

（6）若需要使用呼吸防护装备预防有害环境的危害，应建立并实施规范的呼吸保护计划。

79. 如何根据危害程度选择呼吸防护用品？

（1）IDLH 环境应选择以下防护装备

1）配全面罩的正压携气式呼吸器。

2）在配备适合的辅助逃生型呼吸防护用品的前提下，配全面罩或送气头罩的正压供气式呼吸防护用品。辅助逃生型呼吸防护用品应适合 IDLH 环境性质。例如，在有害环境的性质未知、未知是否缺氧的环境下，选择的辅助逃生型呼吸防护用品应为携气式，不允许使用过滤式；在不缺氧，但空气污染物浓度超过 IDLH 浓度的环境下，选择的辅助逃生型呼吸防护用品可以是携气式，也可以是过滤式，但应适合该空气污染物的种类及其浓度水平。

（2）非 IDLH 环境应选择指定防护因数（APF）大于危害因数的呼吸防护装备。各类呼吸防护用品的 APF 见表 12。

表 12　　各类呼吸防护用品的 APF

呼吸防护用品类型	面罩类型	正压式	负压式
自吸过滤式	半面罩	不适用	10
	全面罩		100
送风过滤式	半面罩	50	不适用
	全面罩	200～1 000	
	开放型面罩	25	
	送气头罩	200～1 000	
供气式	半面罩	50	10
	全面罩	1 000	100
	开放型面罩	25	不适用
	送气头罩	1 000	
携气式（自给式）	半面罩	1 000	10
	全面罩		100

80. 如何根据空气污染物的种类选择呼吸防护用品?

(1) 有毒气体和蒸气的防护。可选择隔绝式呼吸防护用品，也可选择过滤式呼吸防护用品。若选择过滤式呼吸防护用品，应注意以下几点：

1）应根据有害气体和蒸气的种类选择适用的过滤元件。对现行标准中未包括的过滤元件种类应根据呼吸防护用品的生产厂商提供的使用说明选择。

2）对于没有警示性或警示性很差的有毒气体或蒸气，应优先选择有失效指示器的防护用品或隔绝式防护用品。

(2) 颗粒物的防护。可选择隔绝式呼吸防护用品，也可选择过滤式呼吸防护用品。若选择过滤式呼吸防护用品，应注意以下几点：

1）对于挥发性颗粒物存在的环境，应选择能够同时过滤颗粒物及其挥发气体的呼吸防护用品。

2）应根据颗粒物的分散度选择适合的呼吸防护用品。

3）若颗粒物为液态，或具有油性时，应选择能过滤油性颗粒的呼吸防护用品。

4）若颗粒物具有放射性，应选择过滤效率最高等级的防尘口罩。

（3）颗粒物、毒气和蒸气同时存在时的防护。可选择隔绝式呼吸防护用品，也可选择过滤式呼吸防护用品。若选择过滤式呼吸防护用品，应选择有效过滤元件或过滤元件的组合。

81. 如何根据作业状况选择呼吸防护用品?

（1）若空气污染物同时刺激眼睛或皮肤，或可经皮肤吸收，或对皮肤有腐蚀性，应选择全面罩，同时应考虑与其他防护用品的兼容性。

（2）若同时存在其他危害，如电焊或气割产生的强光、火花和高温辐射，打磨时存在的飞溅物等，应选择能与相应防护用品相匹配的全面罩。

（3）在爆炸性环境应选用具备防爆性能的呼吸防护用品。若使用携气式呼吸防护用品，只能选空气呼吸器，不能选氧气呼吸器。

（4）作业环境存在高温、高湿以及存在有机溶剂或腐蚀性物质时，应注意选择相应耐受性材质的呼吸防护用品，或选择能够调节温度和湿度的供气式呼吸防护用品。

（5）选择供气式呼吸防护用品时应考虑作业点设备布局、人员或机动车等流动情况，应注意气源与作业点间的距离，空气管布置方法是否有可能妨碍他人作业或被意外切断等因素。

（6）若作业强度大、作业时间长，应选择呼吸负荷较低的呼吸防护用品。

(7) 若有清楚的视觉需求，应选择宽视野的面罩；若需要语言交流，应有适宜的通话功能；若还需要使用其他工具，应注意和防护用品彼此匹配。

(8) 若作业中存在可以预见的紧急危险情况，应根据危险的性质选择适用的逃生型呼吸防护用品，或选择适用于 IDLH 的呼吸防护用品。

82. 如何根据作业人员的特点选择呼吸防护用品？

(1) 考虑头面部特征。密合型面罩（半面罩和全面罩）有弹性密封设计，靠施加一定的压力，使面罩与使用者的面部密合以确保将内外空气隔离。人的脸型有多种多样，一种设计不能适合所有人，理论上可能存在一定的泄漏，应将泄漏控制在可接受的水平。

(2) 考虑视力矫正。视力矫正者的眼镜不能影响呼吸防护用品与面部的密合性，应选择配内置眼镜架的全面罩，并选用适合的视力矫正镜片，按照使用说明书的要求使用。

(3) 考虑某些身体状况。额外的呼吸负荷会使心肺系统有某种疾患人员的病情加重，而且也有人对狭小空间和呼吸负荷存在心理恐惧，应考虑其使用呼吸防护用品的能力。

83. 使用呼吸防护用品时有哪些注意事项？

使用呼吸防护用品时，应注意以下几个方面：

(1) 使用前应对使用者进行培训，确保每个使用者了解所使用的呼吸防护用品的局限性，并有能力正确使用。携气式呼吸防护用品应限于受过专门培训的人员使用。

（2）使用前应检查呼吸防护用品的完整性、过滤元件的实用性、气瓶的储气量，以及提供动力的电源电量等，并要消除不符合有关规定的现象后才能使用。

（3）进入有害环境前，应先佩戴好呼吸防护用品，对供气式呼吸防护用品应先通气后再戴面罩，以防止窒息。对于密合型面罩应先进行佩戴气密性检查，确认佩戴是否正确和密合。检查面罩佩戴气密性的方法是用双手掌心堵住呼吸阀体的进、出气口，然后猛吸一口气，如果面罩紧贴面部，可以判定无漏气，否则应查找原因，调整佩戴位置直至气密性符合要求。

（4）在有害环境应始终佩戴呼吸防护用品。

（5）逃生型呼吸防护用品只能用于从危险环境中离开，不能用于进入危险环境时使用。

（6）使用前应检查供气气源的质量，气源应清洁无污染，并保证氧含量合格，供气管接头不允许与作业场所其他气体的导管接头通用。

（7）在立即威胁生命和健康浓度（IDLH）的环境中作业应尽可能两人同时进入，并配备安全带和救生索，并且在IDLH区域外应至少留1人，与进入人员保持有效联系，并应配备救生和急救设备。

（8）在低温环境下，全面罩镜片应具有防雾和防霜功能，隔绝式呼吸防护用品使用的气源应干燥，使用携气式呼吸防护用品的人员应了解低温操作注意事项。

（9）任何时候，当闻到有害物的味道或感觉有刺激性，出现呼吸困难、头晕、恶心等任何身体不适时，应立即离开污染区域检查呼吸防护用品，只有在维修并更换所有失效部件后才能继续使用。

（10）不得改装。未得到生产者的认可下，不得将不同品牌的部件拼装和组合使用。

（11）应对使用呼吸防护用品的人员定期进行体检，评价呼吸防护用品的防护效果和使用者对呼吸防护用品的应用能力。

（12）应避免供气管与作业现场的其他移动物体相互干扰，不允许碾压供气管。

（13）应对呼吸防护用品的使用过程进行必要的监督，以确保使用者正确使用。

84. 呼吸防护用品如何进行维护？

任何呼吸防护用品的使用寿命都是有限的，良好的维护不仅能保证使用安全，而且还可确保达到甚至延长预期使用寿命，降低生产成本。维护通常包括检查保养、清洗消毒和储存几个环节。

产品越复杂需要的维护也越复杂，应由受过专业培训的人员对携气式呼吸防护用品进行维护；对电动送风过滤式呼吸防护用品，电池充电环节往往是影响系统使用寿命的关键，应严格按照使用说明操作。对于其他呼吸防护用品，原则上应在每次使用后进行适当的维护。

（1）应明确呼吸防护用品维护的责任，并对维护人员进行必要的培训。

（2）呼吸防护用品使用后应及时处理，将呼吸器恢复到工作准备状态，需注意以下要求：

1）使用过的净化罐必须更换吸收剂，净化罐可以不清洗，以免加快腐蚀。

2）定期到具有相应压力容器检测资格的机构检测空气瓶或氧气瓶。

3）对面具、呼吸软管、头带、面罩等应根据使用说明进行清洗和消毒，不应使用有机溶剂（如丙酮、油漆稀料）清洗面罩和镜片，含羊毛脂或酒精的清洗液和擦拭纸巾不能用于面罩清洗消毒，这些都能加速面罩老化；不允许用水清洗过滤元件。

4）清洗外壳时必须严防水进入减压器。

5）使用中发现的疑问要仔细检查，必要时及时修理。

6）防护用品的所有部件如果发现破损、部件丢失或老化现象时应及时更换。

7）不允许自行重新装填滤毒罐或滤毒盒内的活性炭，这样无法保证防护功能。

8）安装各部件时，仔细检查各接头垫圈是否存在或损坏。

9）清洗各部件时，严防碰撞，避免损坏，以防造成气密性不良。

（3）日常保管应注意以下几个方面：

1）应按照使用说明书中的要求对呼吸防护用品定期检查、维护，并进行清洗和消毒，放入密封袋内储存。过滤器不允许清洗，且不应敞口存放，过滤器失效后，应及时更换，以保证过滤的有效性。

2）呼吸器及备件应避免日光直接照射，以免橡胶件老化。

3）呼吸器是与人体呼吸器官直接接触的，因此要求保持清洁，防止粉尘或其他有毒有害物质污染。

4）呼吸器上严禁沾染油脂。

5）呼吸器的储存温度为5～30℃，相对湿度为40%～80%，呼吸器与取暖设备的距离应大于1.5 m，储存室的空气中不得有腐蚀性气体。不使用的过滤件应在密封容器内保存，防止受潮。

6）氧气瓶的保管必须严格遵守有关规章制度，严禁沾染油脂。夏季不要放在日光曝晒的地方，距离明火的距离一般不小于10 m。

氧气瓶内的氧气不能全部用完，应至少留有 0.05 MPa 的剩余压力。

（4）所有紧急情况下使用的呼吸防护用品，如抢险用的携气式呼吸防护用品和逃生器，应时刻保持待用状态，放在适宜储存、便于管理、取用方便的地方，不得随意变更存放地点。

（5）应监督和检查维护作业，确保正确维护。

85. 有限空间作业常用的呼吸防护用品有什么?

根据有限空间的特点，作业中通常使用的呼吸防护用品有防毒面具、长管呼吸器、正压式空气呼吸器、紧急逃生呼吸器等。

86. 防毒面具分为哪些种类?

防毒面具是一种过滤式呼吸防护用品，一般由面罩、滤毒罐、导气管、防毒面具袋等组成。防毒面具面罩与人面部周边紧密贴合，使人员的眼睛、鼻子、嘴巴和面部与周围的染毒环境隔离，同时依靠滤毒罐中吸附剂的吸附、吸收、催化作用和过滤层的过滤作用将外界染毒空气进行净化，为人员提供洁净空气。防毒面具根据结构的不同分为以下两种：

（1）导管式防毒面具。导管式防毒面具由全面罩、大型或中型滤毒罐和导气管组成。导管式防毒面具防护时间较长，一般由专业人员使用。

（2）直接式防毒面具。直接式防毒面具由全面罩或半面罩直接与小型滤毒罐或滤毒盒相连接。该种护具体积小、重量轻，便于携带，使用简便。

87. 防毒面具的防护原理是什么?

（1）面罩的防护原理。在面罩罩体的内侧周边有密合框，用于面罩与佩戴者面部紧密贴合，由橡胶材料制成。密合框的功能是将面罩内部空间与外部空间隔绝，防止有毒有害气体进入面罩内部空间，保障防毒面具的呼吸系统正常工作，确保防毒面具的防护性能。面罩的防护效果取决于面罩各个接口的气密性，即面罩装配气密性，如眼窗、通话器、过滤罐等部位接口的气密性。另外，面罩密合框与人员头面部的密合部位也可视作一个接口，这是面罩的最大接口，这个接口的气密性问题，对于面罩的使用非常重要。

（2）过滤件的防护原理。过滤件依靠其内部的装填物来净化有害物。装填物由两部分组成：一是装填层，用于过滤有毒气体或蒸气；二是滤烟层，用于过滤有害气溶胶（如毒烟、毒雾、放射性灰尘和细菌等）。装填层中用的是载有催化剂或化学吸附剂的活性炭（常称为浸渍活性炭或浸渍炭，或称为防毒炭或催化炭），其通过物理吸附作用、化学吸着作用和催化作用来达到防毒的目的。滤烟层对有害气溶胶的过滤作用取决于滤烟层的材料。气溶胶微粒通过滤烟层时会发生截留效应、惯性效应、扩散效应和静电效应，以达到过滤的效果。

（3）过滤件类型及防护对象。过滤件的防护对象及防护时间见表13。

88. 如何选用防毒面具？

（1）防毒面具是一种过滤式呼吸防护用品，只能用于在氧气含量合格的有限空间（即氧气含量在19.5%～23.5%）使用。

（2）根据《呼吸防护用品的选择、使用与维护》（GB/T 18664—2002）的规定，防毒面具只能用于非IDLH的有限空间，并且需要根据有限空间内危害因数及防毒面具的防护因数（APF）决定使用半面罩防毒面具还是全面罩防毒面具。当1＜危害因数＜10时，即有限空

表 13　过滤件的防护对象及防护时间

过滤件类型	标色	防护对象举例	测试介质	4级		3级		2级		1级		穿透浓度 (mL/m³)
				测试介质浓度/(mg/L)	防护时间 min ≥	测试介质浓度/(mg/L)	防护时间 min ≥	测试介质浓度/(mg/L)	防护时间 min ≥	测试介质浓度/(mg/L)	防护时间 min ≥	
A	褐	苯、苯胺类、四氯化碳、硝基苯	苯	32.5	135	16.2	115	9.7	70	5.0	45	10
B	灰	氯化氰、氢氰酸、氯气	氢氰酸(氯化氰)	11.2 (6)	90 (80)	5.6 (3)	63 (50)	3.4 (1.1)	27 (23)	1.1 (0.6)	25 (22)	10[a]
E	黄	二氧化硫	二氧化硫	26.6	30	13.3	30	8.0	23	2.7	25	5
K	绿	氨	氨	7.1	55	3.6	55	2.1	25	0.76	25	25
CO	白	一氧化碳	一氧化碳	5.8	180	5.8	100	5.8	27	5.8	20	50
Hg	红	汞	汞	—	—	0.01	4 800	0.01	3 000	0.01	2 000	0.1
H_2S	蓝	硫化氢	硫化氢	14.1	70	7.1	110	4.2	35	1.4	35	10

注：[a] C_2N_2 有可能存在于气流中，所以（C_2N_2＋HCN）总浓度不能超过 10 mL/m³。

间内有毒有害气体的浓度大于职业卫生标准规定的浓度，且小于10倍时，可选择半面罩式防毒面具（APF为10）。当10≤危害因数<100时，即有限空间内有毒有害的气体浓度大于等于职业卫生标准规定浓度的10倍，且小于100倍时，可选择全面罩式防毒面具（APF为100）。

（3）面罩型号有0～4号，0号最小，4号最大，号码标在面罩的下巴边沿，在选择防毒面具时要注意面罩与佩戴者面部的贴合程度。

（4）《呼吸防护 自吸过滤式防毒面具》（GB 2890—2009）对过滤件的标色及防护时间做了要求，当有限空间中存在的有毒有害气体不止一种，且不能用一种过滤件过滤时，应选择复合型的滤毒罐（盒）。

89. 防毒面具如何使用?

（1）检查。使用前检查面罩是否完好，密合框是否有破损。若使用导管式防毒面具时要特别检查导管的气密性，观察是否有孔洞或裂缝。

（2）连接。选择合适的滤毒罐或滤毒盒，打开封口，将其与面罩上的螺口对齐并旋紧，若使用导管式防毒面具，则将面罩和滤毒罐分别与导气管的两侧相连。

（3）佩戴。松开面罩的带子，一手持面罩前端，另一手拉住头带，将头带往后拉罩住头顶部（要确保下巴正确位于下巴罩内），调整面罩，使其与面部达到最佳的贴合程度。若使用导管式防毒面具，将滤毒罐装入防毒面具袋内，并固定在身体上。

90. 防毒面具使用注意事项是什么?

必须根据现场的毒气种类选择相应型号的防毒药剂，不可随意替代；防毒口罩通常只适用于毒气体积浓度不高于0.1%、空气中氧气的体积浓度不低于19.5%、环境温度在－30～40℃的环境下使用；口罩在使用前应检查各部件是否完好；佩戴口罩时必须保持端正，口罩带要分别系牢，要调整口罩使其不松动、不漏气；口罩在使用中，如果在口罩内开始嗅到有毒气体的轻微气味时，应立即离开毒气区域，更换新的滤毒药剂；更换滤毒药剂时，应按滤毒盒原药剂的型号及其安装层次更换，药剂必须装足、振实，网板必须平放，防止气体偏流，装好后拧紧盒盖，用手轻摇滤毒盒，以听不到盒内有摩擦声为准。

91. 长管呼吸器分为哪几类?

长管呼吸器是使佩戴者的呼吸器官与周围空气隔绝，并通过长管输送清洁空气以供使用者呼吸的防护用品，属于隔绝式呼吸器中的一种。根据供气方式的不同长管呼吸器可以分为自吸式长管呼吸器、连续送风式长管呼吸器和高压送风式长管呼吸器三种。表14为长管呼吸器的分类及组成。

表14　　长管呼吸器的分类及组成

长管呼吸器种类	系统组成主要部件及次序					供气气源
自吸式长管呼吸器	密合型面罩[a]	导气管[a]	低压长管[a]	低阻过滤器[a]		大气[a]
连续送风式长管呼吸器		导气管[a]＋流量阀[a]	低压长管[a]	过滤器[a]	风机[a] 空压机[a]	大气[a]
高压送风式长管呼吸器	面罩[a]	导气管[a]＋供气阀[b]	中压长管[b]	高压减压器[c]	过滤器[c]	高压气源[c]
所处环境	工作现场环境			工作保障环境		

注：[a]承受低压部件；[b]承受中压部件；[c]承受高压部件。

(1) 自吸式长管呼吸。自吸式长管呼吸器的结构如图 8 所示，由密合面罩、导气管、背带和腰带、低压长管、空气输入口（低阻过滤器）和警示板等部分组成。自吸式长管呼吸器将长管的一端固定在空气清新、无污染的场所，另一端与面罩连接，依靠佩戴者自己的肺动力将清洁的空气经低压长管、导气管吸进面罩内。

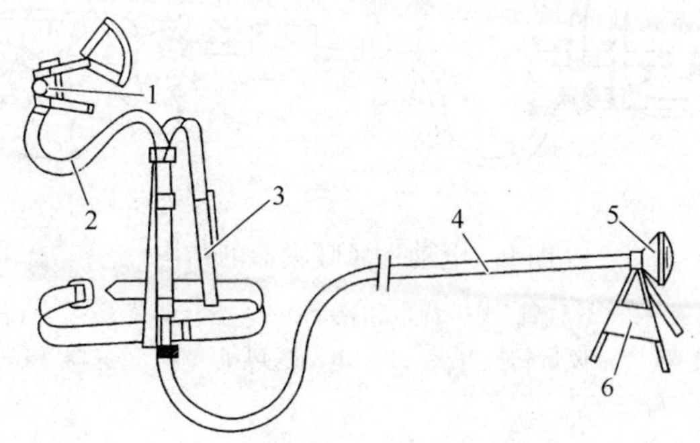

图 8　自吸式长管呼吸器的结构

1—密合面罩　2—导气管　3—背带和腰带

4—低压长管　5—空气输入口（低阻过滤器）　6—警示板

由于这种呼吸器要依靠自身的肺动力，因此在呼吸过程中不可能总是维持面罩内为微正压。一旦面罩内的压力下降为微负压时，很有可能造成外部受污染的空气进入面罩内。所以自吸式长管呼吸器不宜在毒物危害大的场所使用。

(2) 连续送风式长管呼吸器。根据送风设备动力源的不同连续送风式长管呼吸器分为电动送风呼吸器和手动送风呼吸器。

电动送风呼吸器的结构如图 9 所示，由密合面罩、导气管、背带和腰带、空气调节袋、流量调节装置、低压长管、风量转换开关、电动送风机、过滤器和电源线等部件组成。连续送风式长管呼吸器的特点是使用时间没有限制，供气量较大，可以供 1～5 人使用，送风量依人数和低压长管的长度而定。在使用时应将风机放在清洁和含氧量大于 19.5%的地点。表 15 为电动送风呼吸器送风量。

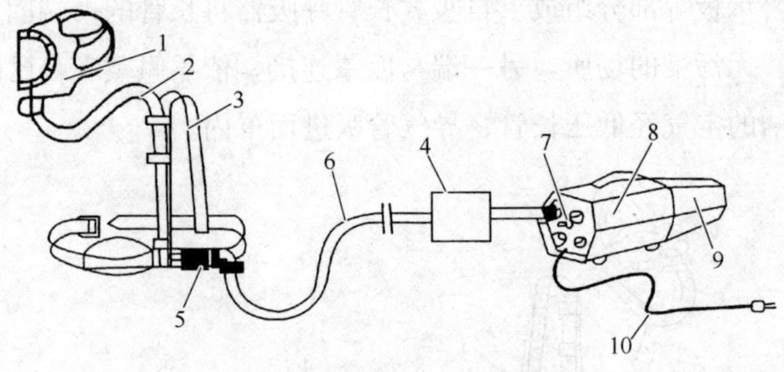

图 9　电动送风呼吸器的结构

1—密合面罩　2—导气管　3—背带和腰带　4—空气调节袋　5—流量调节器　6—低压长管　7—风量转换开关　8—电动送风机　9—过滤器　10—电源线

表 15　　电动送风呼吸器送风量

人数	低压长管送风量/（L/min）			
	低压长管长度/10 m	低压长管长度/20 m	低压长管长度/30 m	低压长管长度/40 m
1	110～130	70～90	60～80	50～70
2	150～170	110～130	90～110	70～90
3	190～210	140～160	110～130	90～110
4	220～240	160～180	130～150	110～130
5	250～270	180～200	150～170	130～150

手动送风呼吸器的结构如图 10 所示，由密合面罩、导气管、背带和腰带、空气调节袋、低压长管和手动风机等部件组成。手动送风呼吸器不需要电源，送风量与风机转数有关，需要人力操作。手动送风呼吸器面罩内由于送风形成微正压，外部的污染空气不能进入面罩内。在使用时应将手动风机置于清洁空气场所，保证供应的空气是无污染的清洁空气。表 16 为手动送风呼吸器的送风量。

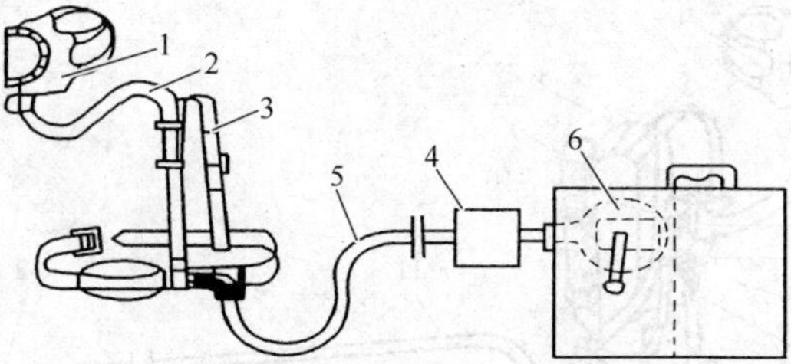

图 10　手动送风呼吸器的结构

1—密合面罩　2—导气管　3—背带和腰带

4—空气调节袋　5—低压长管　6—手动风机

表 16　**手动送风呼吸器送风量**

手动风机转数/（r/min）	送风量/（L/min）		
	低压长管长度/10 m	低压长管长度/20 m	低压长管长度/30 m
40	65～75	55～60	45～52
50	85～100	75～80	65～70
60	105～140	90～110	95～105
70	130～150	110～130	75～85
80	150～170	125～140	112～130

（3）高压送风式长管呼吸器。高压送风式长管呼吸器是高压气源（如高压空气瓶）经压力调节装置把高压降为中压后，将气体通过导气管送到面罩供佩戴者呼吸的一种防护用品。

图 11 是高压送风式长管呼吸器的结构，该呼吸器由两个高压空气瓶作为气源，一个小容量的备用气瓶和一个大容量工作气瓶，工作气瓶发生意外中断供气时，可切换至小容量备用气瓶继续供气。

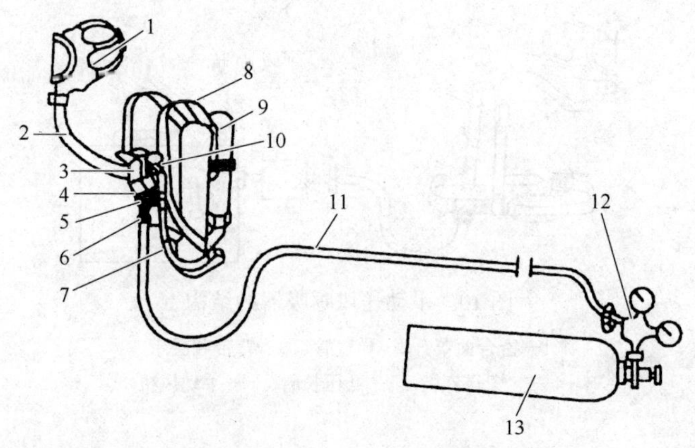

图 11　高压送风式长管呼吸器的结构

1—全面罩　2—吸气管　3—肺动力阀　4—减压阀　5—单向阀
6—软管接合器　7—高压导管　8—着装带　9—小型高压空气瓶
10—压力指示计　11—空气导管　12—减压阀　13—高压空气瓶

92. 长管呼吸器的适用条件是什么?

（1）在有毒有害气体浓度超过 IDLH 值或缺氧时，必须使用长管呼吸器这类隔绝式呼吸防护用品。

（2）在有限空间中作业不建议使用自吸式长管呼吸器。自吸式长管呼吸器依靠佩戴者自身的肺动力工作，在呼吸的过程中无法保证面罩内始终维持在微正压状态，当面罩内的压力下降为微负压时，可能会造成有限空间环境中的有毒有害气体进入面罩内，另外，作业人员在从事重体力劳动时会感觉呼吸不畅。

（3）在有限空间内进行长时间的作业时，应选择可持续供电的电动送风式长管呼吸器。

（4）在有限空间内进行短时间作业，或有毒有害气体浓度较高时，可选择高压送风式长管呼吸器。

93. 长管呼吸器如何使用?

(1) 检查。使用前检查面罩是否完好，密合框是否有破损；检查导气管、长管的气密性，观察是否有孔洞或裂缝；使用高压送风式长管呼吸器时，检查气瓶压力是否满足作业需要，检查报警装置功能是否正常。

(2) 连接。将吸气管一端与面罩前端的螺口对齐、旋紧，另一端与空气调节袋或减压阀相连；空气导管一端与空气调节袋（减压阀）相连，另一端与供气设备（包括风机、空压机、高压气瓶）出气口相连；连接电源，开启后检查气路是否通畅。

(3) 佩戴。将着装带的肩带位置调整好，扣上腰扣，收紧腰带；松开面罩的带子，一手持面罩前端，另一手拉住头带，将头带往后拉罩住头顶部（要确保下巴正确位于下巴罩内），调整面罩，使其与面部达到最佳的贴合程度，收紧面罩的头带；检查面罩密封性，手掌心捂住凹形接口，深吸一口气，应感到面窗与面部贴紧（否则应更换）；打开风机或空气压缩机电源或高压气瓶瓶阀；调节空气调节阀、减压阀，调整供气量；连续深呼吸，应感到呼吸顺畅。

94. 长管呼吸器使用时有哪些注意事项?

(1) 长管必须经常检查，确保无泄漏，气密性良好。

(2) 使用长管呼吸器必须有专人在现场安全监护，防止长管被压、被踩、被折弯、被破坏。

(3) 长管式呼吸器的吸风口必须放置在有限空间作业环境外，必须保证有新鲜、清洁的空气。

(4) 使用空压机作气源时，为保护作业人员的安全与健康，空气压缩机的出口应设置空气过滤器，内装活性炭、硅胶、泡沫塑料等，以清除油水和杂质。

95. 正压式呼吸器由哪些部分组成？

正压式空气呼吸器又称自给开路式空气呼吸器，属于自给式呼吸器的一种。该类呼吸器将佩戴者的呼吸器官、眼睛和面部与外界染毒空气或缺氧环境完全隔绝，自带压缩空气源，呼出的气体直接排入外部。空气呼吸器由面罩总成、供气阀总成、气瓶总成、减压器总成、背托总成五部分组成，其结构如图 12 所示。

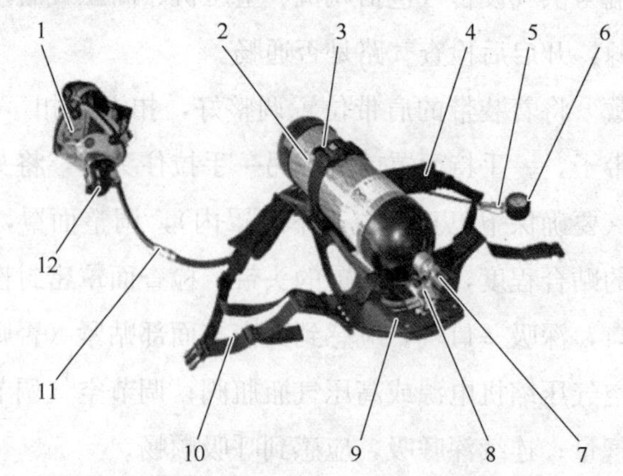

图 12　正压式呼吸器的结构

1—面罩　2—气瓶　3—带箍　4—肩带　5—报警哨　6—压力表　7—气瓶阀　8—减压器　9—背托　10—腰带组　11—快速接头　12—供气阀

面罩总成有大、中、小三种规格，由头罩、头颈带、吸气阀、口鼻罩、面窗、传声器、面窗密封圈、凹形接口等组成。头罩戴在头顶上；头带、颈带用以固定面罩；口鼻罩罩住佩戴者的口鼻，提高空气利用率，减少因温差引起的面窗雾气；面窗由高强度的聚碳酸酯材料注塑而成，耐磨、耐冲击，透光性好，视野大，不失真；通过传声器可有效地传递声音；面窗密封圈起到密封作用，与外部环境隔绝；凹形接口用于连接供气阀总成。

供气阀总成由节气开关、应急充泄阀、凸形接口、插板四部分组成。供气阀的凸形接口与面罩的凹形接口可直接连接，构成通气系统。节气开关外有橡皮罩保护，当佩戴者从脸上取下面罩时，为节约用气，用拇指按住橡皮罩下的节气开关，会听到“嗒”的一声，即关闭供气阀，停止供气，重新戴上面具，开始呼气时，供气阀自动开启，供给空气。应急充泄阀是一个红色旋钮，当供气阀意外发生故障时，通过手动旋钮旋动 1/2 圈，即可提供正常的空气流量。此外，应急充泄阀还可利用流出的空气直接冲刷面罩、供气阀内部的灰尘等污物，避免吸入体内。供气阀与面罩连接好后可用插板锁定。

气瓶总成由气瓶和瓶阀组成。气瓶从材质上分为钢瓶和复合瓶两种：钢瓶用高强度钢制作，复合瓶是在铝合金内胆外加碳纤维和玻璃纤维等高强度纤维缠绕制成，与钢瓶比具有重量轻、耐腐蚀、安全性好和使用寿命长等优点。气瓶从容积上分 3 L、6 L 和 9 L 三种规格。钢瓶空气呼吸器重达 14.5 kg，而复合瓶空气呼吸器一般重 8～9 kg。瓶阀有两种，即普通瓶阀和带压力显示及手轮的瓶阀。无论哪种瓶阀都有安全螺塞，内装安全膜片，瓶内气体超压时安全膜片会自动爆破泄压，从而保护气瓶，避免气瓶爆炸造成危害。带手轮的瓶阀则带有压力显示和防止意外碰撞而关闭阀门的功能。

减压器总成由压力表、报警器、中压导气管、安全阀、手轮五部分组成。压力表能显示气瓶的压力，并具有夜光显示功能，便于在光线不足的条件下观察；报警器安装在减压器上或压力表处，安装在减压器上的为后置报警器，安装在压力表旁的为前置报警器。当气瓶压力降到 5～6 MPa 时，报警器开始发出声响报警，持续报警到气瓶压力小于 1 MPa 时为止。此时，佩戴者应立即撤离有毒有害危险作业场所，否则会有生命危险。安全阀是当减压器出现故障时的安全排气装置。中压导气管是减压器与供气阀组成的连接气管，从减压器出来的 0.7 MPa 的空气经供气阀直接进入面罩，供佩戴者使用。手轮用于与气瓶连接。

背托总成包括背架、上肩带、下肩带、腰带和瓶箍带五部分。背架起到空气呼吸器的支架作用；上、下肩带和腰带用于整套空气呼吸器与佩戴者的紧密固定；背架上瓶箍带的卡扣用于快速锁紧气瓶。

96. 正压式空气呼吸器的适用条件是什么？

（1）正压式空气呼吸器使用温度一般为−30～60℃，且不能在水下使用。

（2）正压式空气呼吸器一般供气时间为 30～40 min，主要用于应急救援，不适宜作为作业过程中的呼吸防护用品。

97. 正压式空气呼吸器如何使用？

（1）检查。检查气瓶压力是否满足作业需要；检查供气阀、减压阀等阀体是否正常；检查面罩是否完好，导气管是否有破损；检查报警用的声光设施是否正常。

（2）佩戴。背起空气呼吸器，使双臂穿在肩带中，气瓶倒置于背部；调整呼吸器上下位置，扣上腰扣，收紧腰带；松开面罩的带子，一手持面罩前端，另一手拉住头带，将头带往后拉罩住头顶部（要确保下巴正确位于下巴罩内），调整面罩，使其与面部达到最佳的贴合程度；两手抓住颈带两端往后拉，收紧颈带；两手抓住头带两端往后拉，收紧头带；检查面罩密封性，手掌心捂住凹形接口，深吸一口气，应感到面窗与面部贴紧（否则应更换）；打开瓶阀，逆时针转动瓶阀手轮两圈；安装供气阀，使红色旋钮朝上，将供气阀与面窗对接，逆时针转动 90°。正确安装好时，可听到插板滑入卡槽的“咔嗒”声；连续深呼吸，应感到呼吸顺畅。

98. 正压式空气呼吸器的使用注意事项有哪些?

（1）使用者应经过专业培训，熟练掌握空气呼吸器的使用方法及安全注意事项。

（2）空气呼吸器应两人协同使用，特殊情况下 1 人使用时，应制定安全措施，确保佩戴者的安全。

（3）空气呼吸器的气瓶充气应严格按照《气瓶安全监察规程》的规定执行，无充气资质的单位和个人禁止私自充气，气瓶每 3 年应送有资质的单位检验 1 次。

（4）当报警器起鸣时或气瓶压力低于 5.5 MPa 时，应立即撤离有毒有害危险作业场所。

（5）充泄阀的开关只能手动，不可使用工具，其阀门转动范围为 1/2 圈。

（6）空气呼吸器在使用中出现部分供气或完全停止供气时，应按逆时针方向打开充泄阀。打开充泄阀后，应立即撤离有毒有害的危险作业场所。

（7）平时空气呼吸器应由专人负责保管、保养、检查，未经授权的单位和个人无权拆、修空气呼吸器。

99. 什么是紧急逃生呼吸器?

当有限空间发生有毒有害气体突出，或突然性缺氧，应使用紧急逃生呼吸器迅速撤离危险环境。紧急逃生呼吸器主要有压缩空气逃生器、自生氧氧气逃生器等。其包括的基本部件有全面罩（口鼻罩、鼻夹和口具）、呼吸软管或压力软管、背具、过滤器件、呼吸袋、气瓶等。

100. 紧急逃生呼吸器的防护原理是什么？

（1）压缩空气逃生器。逃生器自带有一小型压缩气瓶，逃生器开启后自动向面罩内提供空气。

（2）自生氧氧气逃生器。把储存在呼吸袋内的氧气经氧气管、吸气阀等从面罩吸入，呼气则通过呼气管进入净化罐，二氧化碳被吸收，氧气再返回呼吸袋中供吸气用。或通过化学药剂发生反应产生氧气，供逃生人员使用。使用的主要化学物质包括氧化钾、氧化钠、氯酸钠等。

101. 紧急逃生呼吸器的适用条件是什么？

（1）有限空间初始环境检测合格，作业人员可不佩戴呼吸防护用品，但为防止空间内发生有毒有害气体突出或突然性缺氧，应携带紧急逃生呼吸器进入有限空间实施作业。

（2）长距离作业，如作业场所纵深距离超过 80 m 或往返时间超过 40 min 时，长管呼吸器及正压式空气呼吸器均不适用。此时应在对有限空间进行充分通风，确保氧气含量合格时，携带紧急逃生呼吸器进入有限空间实施作业。

102. 紧急逃生呼吸器如何使用？

作业中一旦有毒有害气体的浓度超标，检测报警仪就会发出警示，此时应迅速打开紧急逃生呼吸器。将面罩或头套完整地遮掩住口、鼻、面部甚至头部，迅速撤离危险环境。

103. 使用紧急逃生呼吸器的注意事项有哪些？

（1）紧急逃生呼吸器必须随身携带，不可随意放置。

（2）不同的紧急逃生呼吸器，其供气时间不同，一般为 15～40 min，作业人员应根据作业场所距有限空间出口的距离选择，若供气时间不足以安全撤离危险环境，在携带时应增加紧急逃生呼吸器数量。

104. 有限空间作业常使用哪种安全带？

安全带是防止高处作业人员发生坠落或发生坠落后将作业人员安全悬挂的个体防护装备。按照使用条件的不同，可以分为以下 3 类。

（1）围杆作业安全带。通过围绕在固定构造物上的绳或带将人体绑定在固定的构造物附近，使作业人员的双手可以进行其他操作的安全带。

（2）区域限制安全带。用以限制作业人员的活动范围，避免其到达可能发生坠落区域的安全带。

（3）坠落悬挂安全带。高处作业或登高人员发生坠落时，将作业人员悬挂的安全带。在有限空间作业时，选用最多的为全身式安全带。全身式安全带是一种可在坠落时保持坠落者正常体位，防止坠落者从安全带内滑脱，还能将冲击力平均分散到整个躯干部分，减少对坠落者造成伤害的安全带。

105. 如何选择坠落防护用品？

（1）对安全带进行外观检查，看其是否有碰伤、断裂及存在影响安全带技术性能的缺陷并检查织带、零部件等是否有异常情况。

（2）对其重要尺寸及质量进行检查。检查规格、安全绳长度、腰带宽度等。

（3）检查安全带上必须具有的标记，如制造厂名商标、生产日期、许可证编号、LA（特种劳动防护用品安全标志）标识和说明书中应有的功能标记等。

（4）检查其是否有质量保证书或检验报告，并检查其有效性，即出具报告的单位是否是法定单位，盖章是否有效（复印无效），检测有效期、抽样方式、检测结果及结论等。

（5）安全带属于特种劳动防护用品，因此应到有生产许可证的厂家或有特种防护用品定点经营证的商店购买。

（6）选择的安全带应适应特定的工作环境，并具有相应的检测报告。

（7）一定要选择适合使用者身材的安全带，这样可以避免因安全带过小或过大而给工作造成的不便和安全隐患。

106. 安全带使用有哪些注意事项?

（1）使用安全带前应检查各部位是否完好无损，安全绳和系带有无撕裂、开线、霉变，金属配件是否有裂纹和腐蚀现象，弹簧弹跳性是否良好，以及其他影响安全带性能的缺陷。如发现存在影响安全带强度和使用功能的缺陷，则应立即更换。

（2）安全带应拴挂于牢固的构件或物体上，应防止挂点摆动或碰撞。

（3）使用坠落悬挂安全带时，挂点应位于工作平面上方。

（4）使用安全带时，安全绳与系带不能打结使用。

(5) 在高处作业时，如安全带无固定挂点，应将安全带挂在刚性轨道或具有足够强度的柔性轨道上，禁止将安全带挂在移动的、带尖锐棱角的或不牢固的物件上。

(6) 使用中，安全绳的护套应保持完好，若发现护套损坏或脱落，必须加上新的护套后再使用。

(7) 安全绳（含未打开的缓冲器）长度不应超过 2 m，不应擅自将安全绳接长使用，如果需要使用 2 m 以上的安全绳应采用自锁器或速差式防坠器。

(8) 使用中，不应随意拆除安全带各部件，不得私自更换零部件。

(9) 使用连接器时，受力点不应在连接器的活门位置。

(10) 坠落悬挂安全带应在制造商规定的期限内使用，一般不应超过 5 年，如发生坠落事故，或有影响性能的损伤，则应立即更换。

(11) 超过使用期限的安全带，如有必要继续使用，则应每半年抽样检验一次，合格后方可继续使用。

(12) 如安全带的使用环境特别恶劣，或使用频率格外频繁，则应相应地缩短其使用期限。

107. 使用安全带时，挂点的选择应考虑哪些因素？

(1) 挂点的强度。挂点的强度至少应承受 22 kN（大约 2 t）的力，一般情况下，搭建合适的脚手架、建筑物预埋的金属挂点、金属材质的电力及通信塔架均可作为挂点，但水管、窗框等则不适合作为挂点，如果不能确定挂点的强度应请工程人员进行核实和测试。

(2) 挂点的位置。挂点应尽量在作业点的正上方，如果不行，最大摆动幅度不应大于 45°，而且应确保在摆动的情况下不会碰到侧面的障碍物，以免造成伤害；挂点的高度应能避免作业人员坠落后不触及其他障碍物，以免造成二次伤害；如使用的是水平柔性导轨，则在确定安全空间的大小时应充分考虑发生坠落时导轨的变形。

108. 安全带如何维护和保管？

安全带只需用清水冲洗和中性洗涤剂洗涤即可，洗后挂在阴凉通风处晾干；如果安全带沾有污渍应予以及时清理，避免安全隐患；安全带不使用时，应由专人保管。存放时，不应接触高温、明火、强酸、强碱或尖锐物体，不应存放在潮湿的地方；应对安全带定期进行外观检查，发现异常必须立即更换，检查频次应根据安全带的使用频率确定。

109. 三脚架如何安装和使用？

（1）取出三脚架，解开捆扎带，并直立放置。

（2）移动三脚架至井口上（底脚平面着地），将三支柱分开适当的角度，底脚防滑平面着地。用定位链穿过三个底脚的穿孔，调整长度后，拉紧并相互勾挂在一起，防止三支柱向外滑移。必要时，可用钢钎穿过底脚插孔，砸入地下定位底脚。

（3）拔下内外柱固定插销，分别将内柱从外柱内拉出。根据需要选择拔出长度后，将内外柱插销孔对正，插入插销，并用卡簧插入插销卡簧孔止退。

（4）将防坠制动器从支柱内侧卡在三脚架任一个内柱上（面对制动器的支柱，制动器摇把在支柱右侧），并使定位孔与内柱上的定位孔对正，将安装架上配备的插销插入孔内固定。

（5）逆时针摇动绞盘手柄，同时拉出绞盘绞绳，并将绞绳上的定滑轮挂于架头上的吊耳上（正对着固定绞盘支柱的一个）。

此外，在使用前，要对设备各组成部分（速差器、绞盘、安全绳）的外观进行目测检查，检查连接挂钩和锁紧螺钉的状况、速差器的制动功能。检查必须由该设备的使用人员进行，一旦发现有缺陷，停止使用该设备。

110. 三脚架使用注意事项有哪些?

（1）使用前必须检查三脚架的安装是否稳定牢固，保证定位链的限位有效，绞盘安装正确。

（2）在负载情况下停止升降时，操作者必须握住摇把手柄，不得松手。

（3）无负载放长绞绳时，必须一人逆时针摇动手柄，一人抽拉绞绳；不放长绞绳时，请勿随意逆时针转动手柄。

（4）使用中绞绳松弛时，绝不允许绞绳折成死结。

（5）卷回绞绳时，尤其在绞绳放出较长时，应适当加载，并尽量使绞绳在卷筒上排列有序，以免再次使用受力时绞绳相互挤压受损。

（6）必须经常检查设备，保证各零件齐全有效，无松脱、老化、异响；绞绳无断股、死结情况；若发现异常，必须及时检修排除。

111. 三脚架如何维护保养?

三脚架在使用后，要存放在干燥、通风、室温和远离阳光的地方。如果在作业中沾染上了污物，应用温水和家用肥皂进行清洗，不推荐使用含酸性或碱性的溶剂。清洗后必须风干，而且要远离火源和热源。

112. 什么是安全帽?

安全帽是防冲击时主要使用的防护用品，主要用来避免或减轻在作业场所发生的高空坠落物、飞溅物体等意外撞击对作业人员头部造成的伤害。安全帽由帽壳、帽衬和下颏带、附件等部分组成。

生物实验证明，人体颈椎骨和成人头盖骨在承受小于 4 900 N 的冲击力时，不会危及生命，超过此限值，颈椎就会受到伤害，轻者引起瘫痪，重者危及生命。安全帽要起到安全防护的作用，必须能吸收冲击过程的大部分能量，才能使最终作用在人体上的冲击力小于 4 900 N。安全帽的帽壳与帽衬之间有 25～50 mm 的间隙，当物体打击安全帽时，帽壳不因受力变形而直接影响头顶部，且通过帽衬缓冲减少的力可达 2/3 以上，起到缓冲减震的作用。

113. 如何选择安全帽?

（1）应使用质检部门检验合格的产品。

（2）根据安全帽的性能、尺寸、使用环境等条件，选择适宜的品种。如在易燃易爆环境中作业应选择有抗静电性能的安全帽；在作业场所十分狭窄，障碍物偏多时，应选择小帽沿式安全帽；在光线相对较暗时，应选择颜色明亮的安全帽。

114. 安全帽使用和维护的注意事项有哪些?

（1）佩戴前，应检查安全帽各配件有无破损、装配是否牢固、帽衬调节部分是否卡紧、插口是否牢靠、绳带是否系紧等。若帽衬与帽壳之间的距离不在 25～50 mm 之间，应用顶绳调节到规定的范围，确保各部件完好后方可使用。

(2) 根据使用者头部的大小，将帽箍长度调节到适宜位置（松紧适度）。高处作业人员佩戴的安全帽，要有下颏带和后颈箍并应拴牢，以防帽子滑落与脱掉。

(3) 安全帽在使用时受到较大冲击后，无论是否发现帽壳有明显的断裂纹或变形，都应停止使用，更换受损的安全帽，一般安全帽的使用期限不超过 3 年。

(4) 安全帽不应存放在有酸碱、高温（50℃以上）、阳光直射、潮湿等环境，并应避免重物挤压或尖物碰刺。

(5) 帽壳与帽衬可用冷水、温水（低于 50℃）洗涤。不可放在暖气片上烘烤，以防帽壳变形。

115. 防护服有哪些种类?

防护服是穿在个人衣服外，用于防止一种或多种危害的衣服，是安全作业的重要防护部分，是用于隔离人体与外部环境的一个屏蔽。根据外部有害物质性质的不同，防护服的防护性能、材料、结构等也会有所不同。我国防护服按用途分为一般作业工作服，用棉布或化纤织物制作，适用于没有特殊要求的一般作业场所使用；特殊作业工作服，包括隔热服、防辐射服、防寒服、防酸服、抗油拒水服、防化学污染服、防 X 射线服、防微波服、中子辐射防护服、紫外线防护服、屏蔽服、防静电服、阻燃服、焊接服、防砸服、防尘服、防水服、医用防护服、高可视性警示服、消防服等。

116. 防护服的选用注意事项有哪些?

(1) 必须选用符合国家标准，并具有产品合格证的防护服。

(2) 根据有限空间内的危险有害因素进行选择。如在有硫化氢、氨气等强刺激性气体的作业环境中作业时，应穿着防毒服；在易燃易爆场所作业时，不准穿化纤防护服，应穿着防静电防护服等。表 17 列举了几种有限空间作业常见的作业环境及选择的防护服种类。

表 17　有限空间作业常见的作业环境及选择的防护服种类

作业类别		可以使用的防护用品	建议使用的防护用品
编号	环境类型		
1	存在易燃易爆气体/蒸气或可燃性粉尘	化学品防护服 阻燃防护服 防静电服 棉布工作服	防尘服 阻燃防护服
2	存在有毒气体/蒸气	化学防护服	
3	存在一般污物	一般防护服 化学品防护服	防油服
4	存在腐蚀性物质	防酸（碱）服	
5	涉水	防水服	

117. 化学防护服的使用、保养有哪些注意事项？

（1）使用前应检查化学品防护服的完整性及与其配套装备的匹配性，在确认完好后方可使用。

（2）进入化学污染环境前，应先穿好化学品防护服；在污染环境中的作业人员，不得脱卸化学品防护服及装备。

（3）化学品防护服被化学物质持续污染时，应在规定的防护性能（标准透过时间）内更换。有限次使用的化学品防护服已被污染时应弃用。

（4）脱除化学品防护服时，应使内面外翻，以减少污染物的扩散，且应最后脱除呼吸防护用品。

（5）由于许多抗油拒水防护服及化学品防护服的面料采用的是后整理技术，即在表面加入了整理剂，一般须经高温才能发挥作用，因此在穿用这类服装时要根据制造商提供的说明书经高温处理后再穿用。

（6）穿用化学品防护服时应避免接触锐器，防止受到机械损伤。

（7）严格按照产品使用与维护说明书的要求进行维护，修理后的化学品防护服应满足相关标准的技术性能要求。

（8）受污染的化学品防护服应及时洗消，以免影响化学品防护服的防护性能。

（9）化学品防护服应存放在避光、通风、温度适宜的环境中，应与化学物质隔离储存。

（10）已使用过的化学品防护服应与未使用的化学品防护服分别储存。

118. 防静电工作服的使用、保养有哪些注意事项？

（1）凡是在正常情况下，爆炸性气体混合物连续地、在短时间内频繁地出现或长时间存在的场所及爆炸性气体混合物有可能出现的场所，可燃物的最小点燃能量在 0.25 mJ 以下时，应穿防静电工作服。

（2）由于摩擦会产生静电，因此在火灾爆炸危险场所禁止穿、脱防静电工作服。

（3）为了防止尖端放电，在火灾爆炸危险场所禁止在防静电工作服上附加或佩戴任何金属物件。

（4）对于导电型的防护服，为了保持良好的电气连接性，外层服装应完全遮盖住内层服装。分体式上衣应足以盖住裤腰，弯腰时不应露出裤腰，同时应保证服装与接地体的良好连接。

（5）在火灾爆炸危险场所穿用防静电服时必须与防静电鞋配套穿用。

（6）防静电工作服应保持清洁，保持防静电性能，使用后用软毛刷、软布蘸中性洗涤剂刷洗，不可损伤服装材料纤维。

（7）穿用一段时间后，应对防静电工作服进行检验，若防静电性能不能符合标准要求，则不能再作为防静电工作服继续使用。

119. 防水服的使用、保养有哪些注意事项？

（1）防水服的用料主要是橡胶，使用时应严禁接触各种油类（包括机油、汽油等）、有机溶剂、酸、碱等物质。

（2）洗后不可暴晒、火烤，应于阴凉通风处晾干。

（3）防水服要存放在干燥、通风环境中，要远离热源，存放时应尽量避免折叠、挤压，如需折叠，应撒滑石粉，避免黏合。

（4）使用中应避免与尖锐物体接触，以免影响防水效果。

120. 有限空间作业常选用哪种防护手套？

手是完成工作的人体技能部位，在作业过程中接触到的机械设备、腐蚀性和毒害性的化学物质，可能会对手部造成伤害。为防止作业人员的手部受到伤害，在作业过程中应佩戴合格有效的手部防护用品——防护手套。防护手套的种类有绝缘手套、耐酸碱手套、焊工手套、橡胶耐油手套、防水手套、防毒手套、防机械伤害手套、防静电手套、防振手套、防寒手套、耐火阻燃手套、电热手套、防切割手套等。有限空间常使用的是耐酸碱手套、绝缘手套及防静电手套。

121. 防护手套的使用、保养有哪些注意事项？

防护手套的使用、保养过程中要注意以下几点：

（1）根据作业环境的需要选择合适的防护手套，并定期更换。

（2）使用前要进行检查，看其有无破损、是否被磨蚀。对于防化手套可以使用充气法进行检查，即向手套内充气，用手捏紧手套口，用力挤压手套，观察是否漏气，若漏气则不能使用；对于绝缘手套应检查电绝缘性，不符合规定的不能使用。

（3）摘取手套一定要注意正确的方法，防止手套上沾染的有害物质接触皮肤和衣服，造成二次污染。

（4）橡胶、塑料等防护手套用后应冲洗干净、晾干，保存时要避免高温，并在手套上撒上滑石粉以防粘连。

（5）带电绝缘手套要用低浓度的中性洗涤剂清洗。

（6）橡胶绝缘手套必须保存在较暗的阴凉场所，不能接触阳光、湿气、臭氧、热气、灰尘、油、药品等。

122. 有限空间作业常选用哪种防护鞋？

为防止作业人员的足部受到物体的砸伤、刺割、灼烫、冻伤、化学性酸碱灼伤及触电等伤害，作业人员应穿着有针对性的防护鞋（靴）。防护鞋（靴）主要有防刺穿鞋、防砸鞋、电绝缘鞋、防静电鞋、导电鞋、耐化学品的工业用橡胶靴、耐化学品的工业用塑料模压靴、耐油防护鞋、耐寒防护鞋、耐热防护鞋等。

有限空间作业中应根据作业环境的需要进行选择，如在有酸、碱等腐蚀性物质的环境中作业需穿着耐酸碱的橡胶靴；在有易燃易爆气体的环境中作业需穿着防静电鞋等。

123. 防护鞋的使用、保养有哪些注意事项？

使用及保养防护鞋时应注意以下几点：

（1）使用前要检查防护鞋是否完好，检查鞋底、鞋帮处有无开裂，出现破损后不得再使用。对于绝缘鞋应检查电绝缘性，不符合规定的不能使用。

（2）对非化学防护鞋，在使用中应避免接触到腐蚀性化学物质，一旦接触后应及时清除。

（3）防护鞋应定期进行更换。

（4）使用后应清洁干净，并放置于通风干燥处，避免阳光直射、雨淋及受潮，不得与酸、碱、油及腐蚀性物质存放在一起。

124. 有限空间作业常使用哪种防护眼镜？

防护眼镜是防止化学飞溅物、有毒气体和烟雾、金属飞屑、电磁辐射、激光等对眼睛伤害的防护用品。防护眼镜有安全护目镜和遮光护目镜两种。安全护目镜主要防止有害物质对眼睛的伤害，如防冲击眼镜、防化学眼镜等；遮光护目镜主要防止有害辐射线对眼睛的伤害，如焊接护目镜等。

在有限空间内进行冲刷和修补、切割等作业时，沙粒或金属碎屑等异物进入眼内或冲击面部，可能引起眼部或面部的伤害；焊接作业时的焊接弧光，可能引起眼部的伤害；清洗反应釜等作业时，其中的酸碱液体、腐蚀性烟雾进入眼中或冲击到面部皮肤，可能引起角膜或面部皮肤的烧伤。因此，为防止有毒刺激性气体、化学性液体对眼睛的伤害，需佩戴封闭性护目镜或安全防护面罩。

125. 有限空间作业为什么要使用通风设备？

有限空间的作业情况比较复杂，一般要求在危险有害气体浓度检测合格的情况下才能进行作业。但由于危险有害物质可能吸附在清理物中，在搅拌、翻动中被解析释放出来，如污水井中翻动污泥时有大量硫化氢释放，作业过程中产生危险有害物质，如涂刷油漆、电焊等自身就会散发出危险有害物质。因此，在有限空间作业过程中，应使作业场所空气始终处于良好的状态，必要时应配备通风机对作业场所进行通风换气。对可能存在易燃易爆物质的作业场所，所使用的通风机应采用防爆风机，以保证安全。

126. 有限空间作业如何选择通风设备?

选择风机时必须确保能够提供作业场所所需的气流量，这个气流必须能够克服整个系统的阻力，包括通过抽风罩、支管、弯管及连接处的压损。通常过长的风管、风管内部表面粗糙、弯管等都会增大气体流动的阻力，因此对风机风量的要求就会更高。

另外，风机应该放置在洁净的气体环境中，以防止腐蚀性气体或蒸气，或者任何会造成磨损的粉尘对风机造成损害。而且风机还应尽量远离有限空间的出入口。目前没有一个统一的关于换气次数的标准，但可以参考一般工业上普遍接受的每 3 min 换气一次（20 次/h）的换气率，作为能够提供有效通风的标准。

127. 有限空间作业如何选择照明设备?

有限空间的作业环境常常是在容器、管道、井坑等光线黑暗的场所，因此应携带照明灯具才能进入作业。这些场所潮湿且可能存在易燃易爆物质，所以照明灯具的安全性十分重要。

按照有关规定在这些场所使用的照明灯具应用 36 V 以下的安全电压；在潮湿的金属容器、狭小空间内作业应用 12 V 的安全电压；在有可能存在易燃易爆物质的作业场所，还必须配备达到防爆等级的照明器具，如防爆手电筒、防爆照明灯等。

128. 有限空间作业为什么要使用通信设备?

在有限空间作业中，有时监护人员与作业人员往往因距离较远或存在转角而无法直接面对，监护人员无法了解和掌握作业人员情况，因此必须配备必要的通信器材，与作业者保持定时联系。考虑到有限空间可能具有易燃易爆物质的特性，所以，所配置的通信器材也应该选用防爆型的，如防爆电话、防爆对讲机等。

129. 安全梯有哪些种类?

安全梯是用于作业人员上下地下井、坑、管道、容器等的通行器具，也是事故状态下逃生的通行器具。根据作业场所的具体情况，应配备相适应的安全梯。有限空间作业中一般使用直梯、折梯或软梯。安全梯从制作材质上分为竹制的、木制的、金属制的和绳木混合制的；从梯子的形式上分为移动直梯、移动折梯、移动软梯。

130. 使用安全梯有哪些注意事项?

使用安全梯时应注意以下几点：

（1）使用前必须对梯子进行安全检查。首先检查竹、木、绳、金属类梯子的材质是否有发霉、虫蛀、腐烂、腐蚀等情况；其次检查梯子是否有损坏、缺挡、磨损等情况，对不符合安全要求的梯子应停止使用；有缺陷的应修复后使用。对于折梯，还应检查连接件、铰链和撑杆（固定梯子工作角度的装置）是否完好，如不完好应修复后使用。

（2）使用时，应对梯子加以固定，避免接触油、蜡等易打滑的材料，防止滑倒，也可设专人扶挡。

（3）在梯子上作业时，应设专人安全监护。梯子上有人作业时不准移动梯子。

（4）除非专门设计为多人使用，否则梯子上只允许 1 人在上面作业。

（5）折梯的上部第二踏板为最高安全站立高度，应涂红色标志。梯子上第一踏板不得站立或超越。